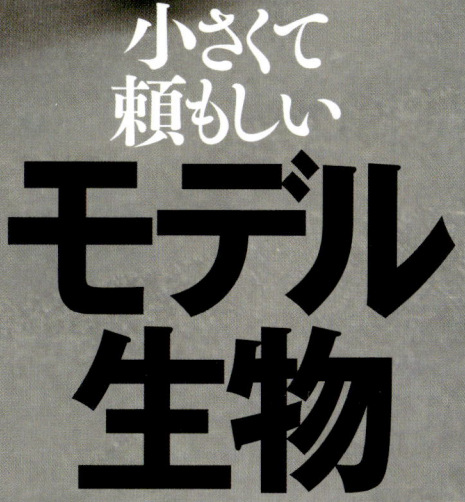

# 小さくて頼もしい
# モデル生物

歴史を知って活かしきる

監修
## 森脇和郎
(理化学研究所バイオリソースセンター)

## 表紙写真

日本産愛玩用マウスから森脇和郎先生が国立遺伝学研究所で樹立した JF1/Ms 系統．全ゲノム解読の結果，世界中で使われている実験用マウスには，この系統の祖先マウスのゲノムが混入していることがわかっている（**第1章マウス**参照）（情報・システム研究機構国立遺伝学研究所城石俊彦副所長より提供）

 第2章 メダカより

 第8章 ラットより

 第4章 ショウジョウバエより

 第9章 原核生物より

 第5章 カタユウレイボヤより

 第12章 アサガオより

 第6章 シロイヌナズナより

 第13章 コモンマーモセットより

 第7章 酵母より

---

【注意事項】本書の情報について

　本書に記載されている内容は，発行時点における最新の情報に基づき，正確を期するよう，執筆者，監修・編者ならびに出版社はそれぞれ最善の努力を払っております．しかし科学・医学・医療の進歩により，定義や概念，技術の操作方法や診療の方針が変更となり，本書をご使用になる時点においては記載された内容が正確かつ完全ではなくなる場合がございます．また，本書に記載されている企業名や商品名，URL等の情報が予告なく変更される場合もございますのでご了承ください．

# 序

　ヒトの生命機能を知りたいがために，ヒトや他の主要な実験生物のゲノムの全塩基配列解読・解析が進められてきました．しかしゲノムがわかればわかるほど，生物の表現型はそんなに簡単ではなく，1つの形質の発現に，複数の遺伝子が関与することが明確になってきました．また今日存在するゲノムの配列と，それをもとにして成り立っている生物個体は，長い進化の歴史を経ている『進化の産物』であることも，配列レベルからあらためて明らかとなりました．「自分の遺伝子は自分のものだ」などとは決して威張れないのです．

　生物のさまざまな機能を明らかにするためには，分子生物学的な解析やコンピューターでの解析ももちろん大切ですが，モデル生物を使った実験を避けて通ることはできません．ヒトによる育成の過程を経てつくられた実験生物，家畜，愛玩動物では，環境への適応に加えて，人為的選択の影響も遺伝子に残っているはずです．進化と育種の歴史を理解する，すなわちそのモデル生物のもつ独自性を理解することは，研究自体の独自性や奥行きを深めることに役立つはずです．

　本書は，2008年から約2年にわたって「実験医学」誌に掲載された連載「モデル生物の歴史と展望」に，若干の加筆・修正を行ってまとめたものです．各項目では，わが国のバイオリソースとして確立され，高い品質と広いユーザーをもついくつかのモデル生物を取り上げ，おのおののリソースを基盤とする研究において成果をあげられるとともに，リソース事業の推進にも貢献しておられる専門家にお願いして，上記の視点から紹介していただきました．

　本書を，モデル生物を扱っているもしくは興味のある読者はもちろん，生命科学を志すすべての学生や研究者に役立てていただければ，これに勝る喜びはありません．

2013年10月

森脇和郎

# 推薦の言葉

　このたび，「実験医学」誌に2008年11月号から13回にわたって連載された「モデル生物の歴史と展望」が装いも新たに単行本化されることになりました．この連載は，理化学研究所バイオリソースセンターの森脇和郎先生の監修により2年にわたって続けられてきたものです．残念ながら，森脇先生は2013年11月に83年の生涯を終えられました．先生は，亡くなる2年ほど前に大腸がんの診断を受け，外科手術や放射線，そして抗がん剤による治療を受けておられましたが，2013年の夏過ぎから急激に体調を崩されて東京のがん研有明病院に入院し3カ月後にそのまま帰らぬ人となりました．私は，大学院の学生時代からマウス遺伝学を学ぶために国立遺伝学研究所の研究生として森脇先生のもとで研究生活をはじめました．その後，同研究所でマウス遺伝学の研究とバイオリソース事業に従事して今日にいたっております．はからずも森脇先生の後を継ぐ形となったわけです．この単行本の刊行にあたり，わが国における文字どおり「バイオリソース事業の父」であった森脇先生の研究や業績を偲びつつ，本書に対する推薦の言葉を述べたいと思います．

　森脇先生は，進化系統学にもとづく野生マウスに着目した新しい実験用マウス系統の開発とそれらを用いた研究でこれまで世界をリードされてきました．同時に，早くから生命科学を根底から支える研究基盤としてのバイオリソース事業の重要性を提唱されてきました．古くは1993年に日本学術会議において「生物遺伝資源レポジトリーの整備に関する要望書」をまとめられ，1996年には旧文部省の学術審議会において実験動物の系統維持事業についての報告書「学術研究用生物遺伝資源の活用について」をとりまとめられました．これらの活動は，やがて国立遺伝学研究所が主宰する生物遺伝資源委員会の設置や，2002年からスタートした文部科学省の「ナショナルバイオリソースプロジェクト（NBRP）」に結実していきました．このように，森脇先生はマウス遺伝学というご自身の専門分野を超えて，生命科学全般の発展を念頭においてモデル生物とバイオリソースの整備の重要性を一貫して主張されてきました．「実験医学」誌における連載の監修も

そのような想いからはじめられたものだと思います．

　本書のサブタイトルには，「実験医学」誌の連載のタイトルでも使われていた「歴史」という言葉が入っています．モデル生物の開発やバイオリソース事業を進めるに当たって，歴史はなぜ大切なのでしょうか？ 私には，歴史を意識することには2つの意味があるように思えます．1つは，モデル生物やバイオリソースの開発とその普及は，自然発生的に起こるものではなく，少数の研究者の深い思い入れと血の滲むような長年の努力があって成立するものであり，その開発の経緯（歴史）をみることによってモデル生物の長所や短所がわかり，それらを活用した先導的な研究がはじめて可能となるということです．もう1つは，系統化されたモデル生物といえども，元は自然集団を構成していた一部の個体から出発しており，それらのゲノムを構成する遺伝子もまた，長い進化的な時間（歴史）のなかで自然選択の篩（ふるい）を潜り抜けてきたもののはずです．このような生物の歴史に目を向けることは，モデル生物を対象に生命機能を考える際により深い洞察を与え，単純な還元主義に陥ることを防ぐことに役立つと考えられます．

　本書に取りあげられた13のモデル生物を用いた研究の多くは，わが国で独自の展開をみせています．いずれの執筆者も，歴史的視点からモデル生物の誕生の経緯を平易に解説しており，またモデル生物を活用した研究への熱い想いが行間から滲んでいます．各章はモデル生物の利用手引きの水準を遙かに超えて，読者はモデル生物を巡る1つの物語をそこに見出すことになるでしょう．さらにいえば，歴史それ自体を科学と呼べるかどうかは意見の分かれるところですが，研究資源であるモデル生物の歴史を考えることは，生命科学を正しく進めるための王道といえるでしょう．それこそ，監修した森脇先生が本書で狙っていたことだったように思えてなりません．

2014年2月

情報・システム研究機構国立遺伝学研究所
副所長　城石俊彦

# 小さくて頼もしい モデル生物
## 歴史を知って活かしきる

CONTENTS

序 ............................................................ 森脇和郎
推薦の言葉 ................................................ 城石俊彦
モデル生物って，どんな生き物？ ..................... 羊土社 編集部

### 1 世界各国で愛玩される　マウス
―ゲノム時代における Genealogy の新しい意義
森脇和郎（理化学研究所バイオリソースセンター）
column　江戸時代ペットマウスの里帰り／世界中の野生ネズミを集めて
10

### 2 日本オリジナルのペットフィッシュ　メダカ
―実験室と野外を結ぶモデル淡水魚
酒泉　満（新潟大学自然科学系）
column　江戸時代のヒメダカと限性遺伝
22

### 3 イギリス生まれで世界が育てた小さな虫　線虫 C. エレガンス
―遺伝子，細胞，個体をつなげ7年間で6人とともにノーベル賞を受賞
香川弘昭（岡山大学大学院自然科学研究科）
column　知好楽
32

### 4 遺伝学研究の最前線を飛び続ける　ショウジョウバエ
―50,000種類以上の系統がすぐに使える
山本雅敏（情報・システム研究機構国立遺伝学研究所系統生物研究センター）
column　赤い眼をしたショウジョウバエ―命名の歴史
42

### 5 ヒトに近縁な半透明の生き物　カタユウレイボヤ
―脊索動物の生命現象のゲノム科学的解明をめざして
佐藤矩行（沖縄科学技術大学院大学マリンゲノミックスユニット）
column　モデル動物のゲノム
54

### 6 雑草からの華麗な転身　シロイヌナズナ
―国際協調とゲノム研究が育んだスーパーモデル植物
小林正智（理化学研究所バイオリソースセンター）
column　標準系統 Columbia の由来
63

# CONTENTS

**7** 何千年も前から人類とともに **酵母**
　―システムとして動く生命体の提示をめざして　　73
　下田　親（大阪市立大学大学院理学研究科）
　　column　動く遺伝子を発見した日本人研究者

**8** 大黒様とともに福をもたらす **ラット**
　―国際的プロジェクトが進行中　　83
　芹川忠夫（京都大学／大阪薬科大学）
　　column　伏見人形に伝わる愛玩用ラット

**9** あらゆる生き物のお腹のなかに **原核生物**
　―2大モデル微生物：大腸菌と枯草菌　　93
　仁木宏典（情報・システム研究機構国立遺伝学研究所系統生物研究センター）
　　column　細菌の性と遺伝

**10** 日本の歴史とともに未来に続く **カイコ**
　―日本人に身近な生物から独自の研究を　　101
　伴野　豊（九州大学大学院農学研究院附属遺伝子資源開発研究センター）
　　column　戦争と系統保存

**11** 植物でも動物でも菌類でもない **細胞性粘菌**
　―多様な有用性を秘めた社会性アメーバ　　110
　漆原秀子（筑波大学生命環境系）
　　column　細胞接着分子―細胞性粘菌はお手本

**12** 江戸期から愛され続ける **アサガオ**
　―日本で独自の発達を遂げたバイオリソース　　120
　仁田坂英二（九州大学大学院理学研究院生物科学部門）
　　column　江戸時代の栽培家はメンデルの法則を知っていた？

**13** ヒトと同じ真猿類 **コモンマーモセット**
　― Biomedical Super Model への期待　　130
　伊藤豊志雄（公益財団法人実験動物中央研究所）
　　column　マーモセットの仲間たち

索　引　　139

## モデル生物って，どんな生き物？

　本書のタイトルは『小さくて頼もしいモデル生物』です．モデル生物とは，言葉の通り「いろいろな生物を代表した**モデル**として，研究に使われる**生物**」のことです．では，どのような特徴をもつ生物がモデル生物として選ばれるのでしょうか？　多くに共通しているのは「**小さくて飼育が簡単**」「**世代交代が早く増えやすい**」「**同じ系統の生物が世界中に普及している**」などでしょうか．最近では，「**遺伝子組換えができる**」「**ゲノムが解読されている**」なども当てはまりそうです．

　では，なぜモデル生物を実験に使うのでしょうか？　例えば私たちヒトの細胞の老化のしくみを研究したいからといって，人体そのものを実験材料とすることはもちろんできません．かといってチンパンジーにすればいいかというと，これも技術的，時間的な問題があります．

　そこで昔から研究者たちは，**興味のある現象が起こる生物のなかで，一番扱いやすい生き物**を選んできました．例えば，酵母は減数分裂や染色体分配が起こる真核細胞のモデルとして，線虫は神経発生や細胞分化が起こる多細胞生物のモデルとして，マウスは発がん機構や免疫機構を研究する哺乳類のモデルとして選ばれてきました．このような生物がモデル生物とよばれ，世界中の研究者に使われているのです．

　本書を読み，これらの生き物がどのような経緯でモデル生物となったのかを知ることで，ぜひこれからの研究にお役立てください．また，生き物と人の歴史もお楽しみください．

（羊土社 編集部）

# 小さくて頼もしい
# モデル生物

### 歴史を知って活かしきる

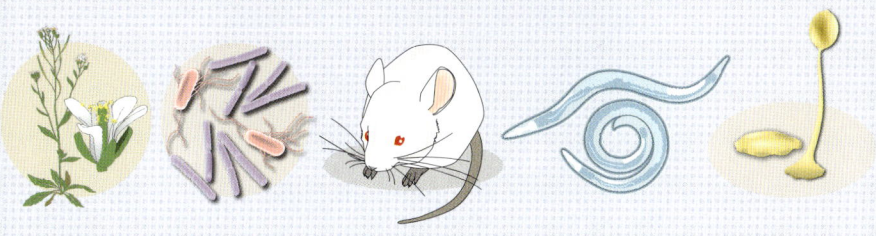

# 1 *Mus musculus*

## 世界各国で愛玩される
# マウス
### ―ゲノム時代におけるGenealogyの新しい意義

森脇和郎(理化学研究所バイオリソースセンター)

実験用マウスの代表的系統 C3H

# リソースとしてのマウス

　ヒトに次いでマウスの全ゲノム塩基配列が明らかになり，遺伝子操作や胚操作技術の著しい発展と相まってヒトの生命機能や疾患を解明するモデル・バイオリソースとしてのマウスの位置はますます高くなっている．しかし，ゲノム解析が進むにしたがって，個体レベルで発現する正常な生物機能や疾患が，遺伝的背景にある複数の遺伝子の支配を受けていることがわかってきた．この根底には，進化の過程における遺伝子変異，およびそれらと内外の環境との相互作用，さらには偶然に起こる変動の歴史が存在する．バイオリソースのヒトによる育成の歴史はもとより，遡れば，その「種」を形成している遺伝子の進化の歴史も，複雑な生命機能を解明すべき今後のライフサイエンス研究にとって新しい切り口である．

# 実験用マウスの育成と進化の歴史

## 1 実験医学へのマウスの登場

　19世紀に入り欧米を中心に盛んになった実験医学の研究は，ヒトのモデルとして同じ哺乳類である愛玩用マウスを使いはじめた．東洋でも西洋でもかなり長い年月にわたり飼育下で繁殖・育成されたと考えられる愛玩用マウスは，扱いやすく，遺伝的な純度も比較的高かったので，実験の再現性や移植腫瘍の生着率が高かったに違いない．

### ● マウス
～ *Mus musculus* ～

| 和名 | ハツカネズミ |
|---|---|
| 分類 | 脊椎動物門 哺乳綱 齧歯目 ネズミ科 |
| 分布 | 世界中 |
| 生息環境 | 草原およびヒトの生活圏 |
| 体重・体長 | 10〜30 g・5〜12 cm |
| 寿命 | 2〜3年 |
| 主食 | 穀物 |

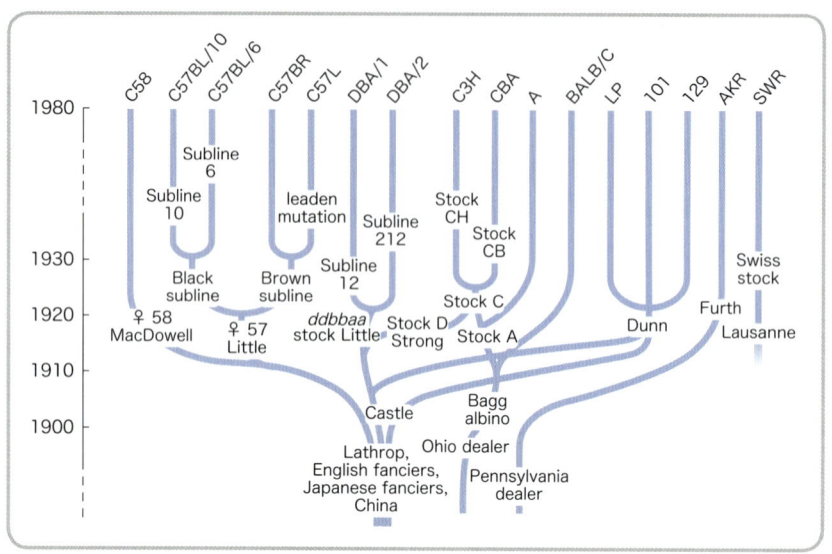

図1 ● 実験用マウスの100年間の系図（文献1を元に作成）

当時ハーバード大学医学部ではマウスを材料とする実験医学研究が盛んで，腫瘍発生率や移植腫瘍生着率の系統差が認識され，系統特性の固定を目指した近交系統がつくられるようになった（図1）．

## 2 系統の開発と技術の進歩

1929年にはメイン州にジャクソン研究所が創立されてLittleが所長となり，マウス遺伝学研究と実験用マウス系統の開発・保存・分譲がはじまった．この研究所のSnellは，長年かかって種々の系統のH-2染色体を交配によってC57BL/10に導入し，各種のH-2コンジェニック系統を開発した．Snellはこの業績でノーベル賞を与えられたが，これらのマウスによって「免疫学的自己・非自己の識別」という基本的な生命機能の機構解明が進み，ヒトHLA研究にも大きく貢献した．このことはモデル・リソースとしてのマウスの位置を高めるうえで大きな力となった．

1900年代後半に入ると，染色体GバンドやCバンドの観察手法，生化学

的および免疫学的形質の分析技術が進歩して多数の標識遺伝子を染色体上にマップできるようになった．この進歩は，ポジショナル・クローニングによって変異形質に対応する遺伝子を特定することを可能にした．

1900年代後半の四半世紀になると，マウス・バイオリソースの分野では，遺伝子操作技術と胚操作技術の著しい発展を基盤とした「遺伝子操作マウスの開発」という大きなBreakthroughがあった．単離した遺伝子DNAをマウス初期胚に導入して個体で発現させるトランスジェニックという手法にはじまり，マウス初期胚培養由来のES細胞で，目的とする遺伝子を壊したり，変異遺伝子と入れ替えたりし，これを母体に戻して個体として育てるノックアウトおよびノックイン手法，さらには微生物由来の染色体組換え遺伝子を導入したES細胞を用い，発生段階などの条件に依存して目的とする遺伝子を破壊するコンデイショナル・ノックアウト手法など，次々と画期的な展開があった．ライフサイエンス全体にとっても一期を画する大きな進展であった．このような発展の出発点は20世紀初頭の愛玩用マウスの利用にあったと思われるが，それらはどこからきたのであろうか？

## 3 実験用マウスになった愛玩用マウスの起源

Potterらが1967年に書いた総説をみると実験用マウスの由来の1つに，図1にみられるように中国から日本を経由して英国の愛好家を経たという経路が示されている．また，Keelerは著書（1931）のなかで，今日の実験用マウスにみられる毛色や眼の色の突然変異を彫った江戸時代の根付を紹介している．江戸時代わが国に愛玩用マウスがいたことは，浮世絵や根付にマウスが描かれ，1787年には「珍玩鼠育草」という飼育法が出版されていることからもわかる．アメリカにおける系統の育成にあたって日本産愛玩用マウスを利用したこともあったらしい．一方，Staatsは「Biology of Laboratory Mice」（1968）のなかで19世紀にヨーロッパの動物学者が研究用に愛玩用マウスを飼育していたと書いている．また，ヨーロッパにも愛玩用マウスを珍重する人々がおり，今日でもその人々の同好会である「マウスクラブ」がある．ヨーロッパの愛玩用マウスが実験用に利用された可

能性も決して小さくない．

　癒しを求める人類の志向は古く，西洋と東洋の両方で独立に愛玩用マウスの育成がはじまったらしい．中国には1,000年も前に変り種のマウスの記載があるという．野生マウスに比べてすっかり大人しくなった愛玩用マウスをみると，その育成には数百年はかかっているのではないかと思われる．ともあれ，どちらが今日の実験用マウスの起源になったのであろうか？

## 4 世界の野生マウス亜種の遺伝的分化

　農耕文明の発達とともに穀物を目当てに野生マウスがヒトの周辺に寄ってきた．愛玩用マウスはアジアにおいてもヨーロッパにおいても，もともとはこれらの野生マウスから育成されたことは間違いない．もし，アジアの野生亜種とヨーロッパの野生亜種の遺伝的な隔たりが大きければ，遺伝子多型の分析からそれぞれの亜種を特定することができる．

　われわれは実験用マウスの起源だけでなく，マウス亜種の遺伝的分化という問題に興味をもち，世界各地域の野生マウスを収集して生化学的遺伝子，ミトコンドリアDNA，染色体C-バンドなど各種の遺伝的特性を解析する研究を国立遺伝学研究所および東京都臨床医学総合研究所（2011年に東京都医学総合研究所に統合）を中心に数十年にわたって行った．

　その結果，遺伝学的に，世界の野生マウス ムス・ムスクルス種は，西ヨーロッパに生息するドメスティカス，北アジアから東ヨーロッパにかけて生息するムスクルス，東南アジアから西南アジアに生息するカスタネウスという3つの亜種群に大別されることがわかった．それら3亜種群はおおよそ100万年前に分岐したと考えられる（図2）．

　実験用マウスの遺伝的特性にはドメスティカス亜種群に近いものが多く，これからつくられたヨーロッパの愛玩用マウスが主な起源ということになった．

## 5 愛玩用マウスから実験用マウスへの選抜

　A系統実験用マウスは肺腫瘍発生率が高く，C57BL系マウスは低いが，両系統を交配したF1では高い．ここでは発がん高感受性は遺伝的に優性で

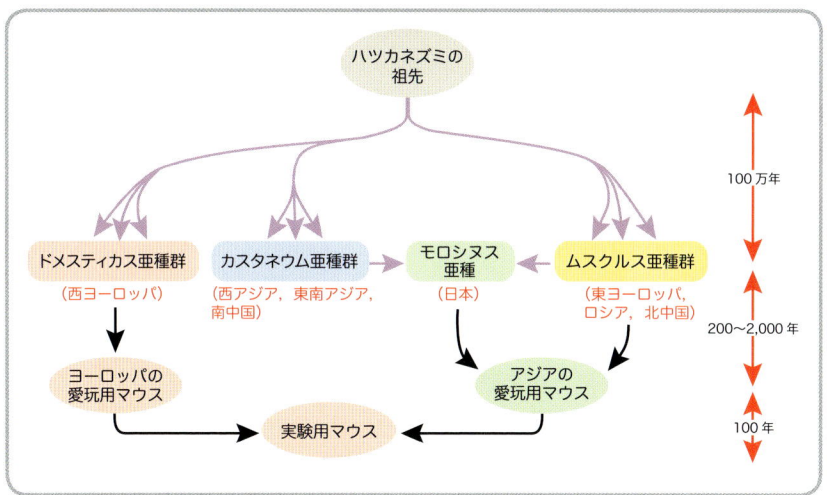

**図2 ● 野生マウス亜種の遺伝的分化**（文献2を元に作成）

ある．しかし，A系統と野生由来系統とのF1の発がん感受性は低く，発がん高感受性は遺伝的に劣性である．野生由来マウスや愛玩用マウスは一般に発がん感受性は低い．実験用マウス育成の初期にはがん研究者の関与が多かったために発がん高感受性の系統が選抜された可能性がある．系統育成の途上における人為的な選抜の歴史にも注意を払う必要がある．

## 6 進化の歴史を反映する「遺伝子間の対話の阻害」

われわれは30年前に，実験用マウスと大きな遺伝距離をもつ日本（三島）産野生マウスからMSM/Ms近交系の育成を進め，現在兄妹交配100世代に達している．2008年，城石俊彦，小原雄治，榊 佳之らによってゲノム全塩基配列の解析が行われた．

国立遺伝学研究所の岡 彩子，城石らの2004年，2007年の研究によれば，MSM系のX染色体だけをC57BL系に入れ替えた系統では精子の形態と機能に異常が起こるが，これに関与する遺伝子は第1，第11およびX染色体上にあるという．実験用マウス系統間ではこのような現象は起こらな

いので，第1，第11およびX染色体上の遺伝子間の相互作用（＝対話）が正常に行われているのであろう．実験用マウスと遺伝的に隔たりをもつMSM系統を用いてはじめてこれらの遺伝子の存在が見出された．個々の遺伝子は亜種内での長い相互作用の歴史を背負って進化してきたことがわかる．

## 7 単一塩基多型（SNP）からみたマウス亜種ゲノムの歴史

2002年にC57BL系統マウスの全塩基配列が解析されたことにより，ゲノムからのマウス亜種分化の解明に関心が集まった．

Frazerらは2008年に実験用マウス11系統，野生マウス4系統を対象に約4万の塩基配列断片中にある約8万の「単一塩基多型（SNP）」を解析した．実験用マウスのSNPの68％はドメスティカス亜種群，6％はムスクルス亜種群，3％はカスタネウス亜種群，10％はモロシヌス（日本産）亜種に由来する多型であり，残り13％は亜種を特定できない多型であった．

この結果は，ヨーロッパ産愛玩用マウス（ドメスティカス亜種群）が実験用マウス育成の主体になったという，われわれの結論を支持する．また，アジア産愛玩用マウスが利用されたこともわかり，その寄与は10％位である．

マウスのゲノムの網羅的な解析と比較は，マウス亜種群の進化の歴史にかかわる問題を提起している．すなわち約100万年前に3亜種が地理的および遺伝的に分化したが，1つの亜種のゲノム中に他の亜種のゲノムの断片が挿入されている例があることから，分化した亜種の間に遺伝子の交流があったことがわかる．Hybrid zoneにみられるように，亜種間でのゲノム断片の交換は個体レベルの異常をもたらすことがあり，進化的なスケールでみれば，それをクリアした集団が残ってきたことになる．異なる亜種群から挿入されたゲノム断片については表現形質におよぼす効果なども今後検討すべき問題である．

# マウスの遺伝子の歴史を通して みえてくるもの

　最近，実験用マウスおよび野生由来マウス十数系統のマウスのゲノムが網羅的に解析された結果，マウス亜種分化の歴史が，これまで限られた数の遺伝子座の変異から推定したものより詳しくわかるようになっただけでなく，塩基配列の比較から個々の遺伝子の進化の歴史も調べることができるようになった．近年数多くの遺伝子導入マウスが開発され，生命機能を制御する遺伝機構の解明に大きな役割を果たしているが，遺伝子操作による変異マウス，あるいは化学変異原で誘発される突然変異マウスのいずれも自然集団のなかで長い世代を超えて生きてきた系統ではないことは頭に入れておいてよい．歴史性を踏まえた遺伝子変異に立脚した生命機能の解明は，網羅的ではないが，「生き物の生き方」を知るうえで本質的な意味があるのではなかろうか．

　網羅的なゲノム情報が付加されることにより，マウスのgenealogy（系統学）に新しい光があたり，バイオリソースとしてのマウスは生命体の環境への対応の歴史，疾患関連遺伝子の進化的な意味など，生命機能の本質を解明するうえで一層価値の高いリソースとなった．

### 引用文献
1）『Biology of the Mouse Histocompatibility-2 Complex』(Klein, J.)，Springer-Verlag, 1975
2）『Genetics in Wild Mice』(Moriwaki, K. et al., ed.)，Japan Scientific Societies Press, 1994

### 参考文献
- 『The Laboratory Mouse』(Clyde E. Keeler)，Harvard University Press, 1931
- Potter, M. & Lieberman, R.：Adv. Immunol, 1967

- 『Biology of the Laboratory Mouse (2nd ed.)』(Earl L. Green, ed.), Dover Publications, 1968
- 『Origins of Inbred Mice』(Herbert C. Morse III, ed.), Academic Press, 1978
- 『Mouse Genetics』(Lee M. Silver), Oxford University Press, 1995

## 著者プロフィール

**森脇和郎**(Kazuo Moriwaki)

　1954年，東京大学理学部動物学科を卒業．大学院のテーマは発生胚のATP代謝．'59年，国立遺伝学研究所に就職し，哺乳動物遺伝学の研究をはじめた．'64〜'66年まで，ミシガン大学哺乳類遺伝学センターに留学．帰国後海外学術調査費によってアジア各地から野生ネズミ類を収集し，系統開発およびMHCを中心に独自の遺伝子の探索をはじめた．他方がん研究費を得てマウスミエローマのクローン変遷も研究．1970年代にはMSMをはじめ野生マウス亜種系統の育成，遺伝学的亜種分化の解明，発がん抑制遺伝子など独自のモデルの開発などを進めた．'94年定年退官．総合研究大学院大学副学長を経て2001年，理化学研究所筑波研究新バイオリソースセンター長，'03年，所長，'05年から同研究所バイオリソースセンター特別顧問．若いときは機構論に偏っていたが，歳とともに「生き物丸ごと論」に足場を移した．〔2013年11月23日永眠（83歳）〕

## Column

### 江戸時代ペットマウスの里帰り

　三島に来る前，このネズミたちはデンマークでペットとして飼われていた．町のお祝いやお祭りがあると，いろいろなものを売る店が出ることは洋の東西に共通しているようで，デンマークのオールース大学にいるニールセン博士が街でこのマウスをみつけてくれた．1987年このマウスを三島に運び系統の育成をはじめた．現在JF1という系統名が付き，国立遺伝学研究所と理化学研究所バイオリソースセンターで維持されている（図①）．

　わが国では江戸時代に愛玩用マウスをペットとして飼うことが流行っていたらしく，1787年に出版された「珍玩鼠育草」のなかに黒いぶちをもつマウス（図②）が描かれている．江戸時代末期にこれらの愛玩用マウスがヨーロッパにもち込まれ，その末裔がデンマークに生きながらえていたらしい．JF1の遺伝子は間違いなく日本産のものであった．

　今日このマウスは再び愛玩用として多くの人々に可愛がられているらしいが，他方わが国独自の実験用マウスとして，先端的ライフサイエンスにも貢献している．

　〔城石俊彦 追記：その後，最新のゲノム解析の結果から，ヨーロッパにおいてJF1の祖先マウスと現地のマウスが交配して生まれた雑種が起源となって今日の実験用マウスが樹立されたことがわかった（高田豊行，城石俊彦：実験医学，31：3107-3110, 2013）〕

**図①● JF1系統**
江戸時代につくられた日本産愛玩用マウス

**図②●**「珍玩鼠育草」に画かれた熊ぶちマウス

# Column

## 世界中の野生ネズミを集めて

### "親方"とともに世界各地へ

1959年，筆者が博士号を取得して最初に研究員として遺伝学研究所に入ったとき，当時の"親方"である吉田俊秀先生（元：国立遺伝学研究所細胞遺伝部長）はまず野生のクマネズミ *Rattus rattus* をやりはじめた．当時の遺伝研では，ユニークな遺伝学者たちが「野生の生き物をやろう」という流れをつくっていた．例えば木原 均先生（元：国立遺伝学研究所所長）は，野生小麦の染色体の観察から，小麦がすべて6倍体（染色体の本数が6の倍数になる遺伝様式）であることを見出した．これが「生物をその生物たらしめるのに必須な最小限のユニットがある」という"ゲノム説"を，世界ではじめて提唱したことにつながっている．

筆者も親方について歩いて，世界中でかれこれ10年ぐらい野生のネズミを捕った．当時は助手として親方についていくしかなかったが，今になってみると，野生の生物を捕るというのはいい訓練になっていたのだと思う．野生のネズミを捕るには，彼らがどういうところに出るかなど，とにかくいろんなことをよく知ってないといけない．部屋のど真ん中にトラップを置いてもすぐには捕まらないわけである．東南アジアはもちろん，インド，パキスタン，イラン，イラク，スリランカなど，危なくて当時衛生環境がよくなかった場所にも一通り足を運んだ．野生のネズミが相手なので，トラップをしかけて捕ることになるが，幸いにも一度も噛まれなかったし，なんの病気にもならなかった．

### ハツカネズミで遺伝学を

親方のところから離れて自分で部屋をもつようになってからは，クマネズミをやめてハツカネズミ（マウス）*Mus musculus* の研究に移った．その理由は，親方とけんかしたというわけではなく，クマネズミがおもしろくないというわけでもなく，クマネズミでは遺伝学ができないことだった．クマネズミは，兄弟で交配して10代ぐらい経つと世代が途切れてしまう．対してハツカネズミはちゃんと系統ができる．あとになってわかったことだが，近交系で長く維持できるネズミは，ハツカネズミとドブネズミ *Rattus norvegicus* の2種類ぐらいしかいない（なおドブネズミからつくられた系

統が，ラットとよばれている．**第8章**参照）．

## 世界に誇れるマウスリソース

われわれが世界中のマウスを集めた結果，いま遺伝研には，マウスのDNAが2,000種類ぐらいある．パキスタン，アフガニスタン，ウズベキスタン，イラク，イラン，…今では戦闘地帯となってしまい，簡単には行けなくなってしまったところからも捕ってきた．当時も危なかったが，研究は物がないとはじまらないので，戦争がはじまる前に行って集めてきたのは幸いであった．

なお筆者は，マウスを捕りに行くときはいつも分類学者を連れて行った．ネズミを捕っても，われわれがみて「ハツカネズミらしい」というだけでは困るからである．やはり分類学者がみて，「これは何々のマウスだ」と言わないとはじまらない．また，一緒に行っていた分類学者が，捕ってきたネズミを全部標本にしている．だから，遺伝研にあるマウスの標本は，標本とDNAが対応している．そういう意味では，膨大な標本数をもつ英国のBritish Museumよりも優れているのではないだろうか．

これまでマウスを捕りに，中国だけでも過去25回ぐらい行っているが，そこでのマウス収集には苦労した．中国は遺伝子資源を国外に出したがらないのである．もちろん中国にも，大規模なリソースセンター（Model Animal Research Center of Nanjing University）はある．前にジャクソン研究所にいた遺伝学者が創立者であり，彼らのような若い研究者はみんな，生物をやりとりしないとサイエンスができないということを重々知っている．しかし政府の上官たちは，資源を出そうとしない．今でも，わずかに許可が出てくるぐらいだ．DNAをもっていくだけでも1本ずつ許可をとってこないといけない．いわんやマウスをや，である．

クマネズミからはじまった一連のネズミ収集とリソースの整備に，筆者の研究人生のうち相当の時間を費やしてきた．それをやらなかったら，もっと論文を書けたのでは，と思うこともある．しかし，全部しっかりとしたものを集めているので，これから研究をする人，筆者の次の世代には，アメリカですら揃えていない独自のリソースを残すことができたのではないかと自負している．

## 2

*Oryzias latipes, Oryzias sakaizumii*

# 日本オリジナルのペットフィッシュ
# メダカ
## ——実験室と野外を結ぶモデル淡水魚

酒泉　満（新潟大学自然科学系）

近交系Hd-rRの雌（上）と雄（下）

## 東アジア固有の淡水魚

　メダカ（ここではミナミメダカ *Oryzias latipes* 種群をさす）は日本在来の小型淡水魚であり，その分布域は，国内においては青森県から沖縄本島まで，国外では朝鮮半島から中国本土および台湾にいたる．主な生息場所は河川下流域の沼や小河川，水田周辺の水路などである．初夏に誕生し，夏の間に成長した後，越冬して翌春に産卵して死亡，というのが野外での一般的な一生であり，寿命は1年強である．

　メダカの近縁種（メダカ以外のメダカ属の魚種）は約30種が知られており，中国南部からインドシナ，インドネシア，インドにかけての熱帯アジア地方に分布する．これらの種の多くはメダカと同様流れが少なく浅い淡水域に生息するが，ジャワメダカのように汽水や海水に棲むもの，プロファンディコラ（底に棲むの意）メダカのように湖の底を泳ぎ回るものもいる．

## メダカ系統の育成と進化の歴史

### 1 古文献にみるメダカと日本人のふれあい

　「メダカ」の名が文献上に登場するのは17世紀初頭の「日葡辞書」

---

● **ミナミメダカ** 〜 *Oryzias latipes* 〜
　**キタノメダカ** 〜 *Oryzias sakaizumii* 〜

| 和名 | メダカ | 寿命 | 1〜4年（野外では1年強） |
|---|---|---|---|
| 分類 | 脊索動物門 脊椎動物亜門 条鰭綱 ダツ目 メダカ科 | 主食 | 微細藻類，ワムシ，ミジンコ |
| | | 特殊能力 | 多産（毎日10〜20個産卵） |
| 分布 | 青森県〜沖縄本島 | 愛称 | めだか |
| 生息環境 | 河川下流域の沼沢地・水田 | 異名 | かつて全国に5,000もの方言があった |
| 体重・体長 | 100〜300 mg，20〜30 mm | | |

(1603) が最初であるという．和名の「メダカ」はメダカがもつたくさんの地方名の1つで，もともとは江戸の方言であった．18世紀に入ると「水鉢のメダカ」の記述が急に増えてくる．当時，平たい水鉢にセキショウを植え，セキショウの周りをメダカが泳ぐのを鑑賞することが流行していたようだ．「浮世風呂」(1809〜'13) にも「石菖鉢の目高ならずうたい相応なぼうふらでもおっかけてりゃまだしもだ」との記述がある．このころ「目高売り」もいたらしく，「おもだかをそへて入谷の目高売り」(1772) などの俳句がある．また，自分でメダカ採りをする人もいたようであり，鈴木春信が描いた錦絵「めだかすくい」にもメダカ採りをする女性の姿がある．

このように18世紀の日本では，メダカは愛玩用の魚として不動の地位を得ていた．日本オリジナルのペットフィッシュの誕生である．天明年間 (1781〜'89) に書かれた随筆「譚海」にはメダカの飼い方についての詳しい記述がある．また，江戸後期の博物学書「水族誌」(1827) や「皇和魚譜」(1838) にはヒメダカやシロメダカの記述もある（**本章コラム**参照）．

## 2 生物学とメダカの邂逅

この小魚の名が生物学の世界にはじめて登場するのは1846年である．Sieboltは日本の動物相に関する著書のなかでメダカを分類学的に種として紹介し，*Poecilia latipes* という学名が誕生した．その後何人かの外国の研究者によってメダカが所属する属の検討や変更がなされ，*Oryzias latipes* と命名されて現在にいたっている．

明治時代の終わりごろになると，メダカを使った遺伝の研究がはじまる．石川千代松はメダカの体色の遺伝を調べ，野生型（褐色）はヒメダカ（橙色）に対して優性で，メンデル遺伝することを報告した (1913)．魚についてもメンデルの法則が適用できることが証明されたのである．しかし，メダカを用いた真に独創的な報告は，1921年の會田龍雄による「限性遺伝」の発見であった．

例えばd-rR系統では，ヒメダカとシロメダカを区別する遺伝子$r$は劣性でX染色体に，優性の$R$はY染色体上にある．その結果シロメダカは常に

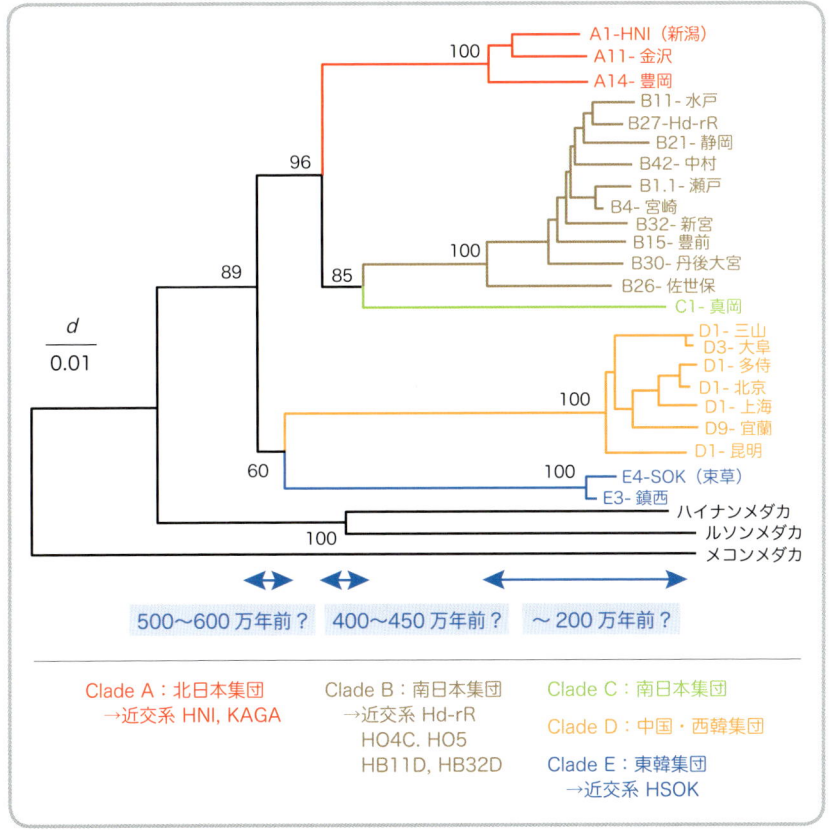

**図1 ● シトクローム b 遺伝子の塩基配列にもとづく野生メダカの系統と近交系の由来**
水平スケール d は塩基置換率，分岐点の数字はブートストラップ値（文献1を元に作成）

雌に，ヒメダカは常に雄になる（**本章コラム**参照）．このd-rR系統は戦後になって山本時男がつくったもので，これが「メダカの系統」といえる最初のものであると筆者は考える．山本は，孵化直後のメダカの稚魚の餌のなかに女性ホルモンを混ぜて与えると，遺伝的に雄であるはずのヒメダカが雌として発育し，産卵できることを発見した．その後，男性ホルモンを適当量与えると遺伝的な雌が雄になることも突き止めた．

山本の弟子である富田英雄は，山本から系統を引き継いだほか，野生集団やヒメダカの飼育集団から突然変異体を精力的に探索し，100種類以上の自然突然変異体を発見した．これらの突然変異系統は現在でも保存されている．

　また，放射線影響の研究を進めていた江上信雄は，実験結果の再現性や正確性の問題に直面し，田口泰子とともに「近交系の作製」を開始した（1974）．近交系では，ほとんどすべての遺伝子座でホモ接合になり，同一系統の個体は遺伝的に同じとみなせて研究に使いやすいからである．ヒメダカと千葉の野生メダカの6対から出発し，兄妹交配を続けた．近交系メダカが確立したことにより，メダカが，医学・生物学の分野で一人前の実験動物として通用するようになったのである．

### 3 アジアに広がるメダカ近縁種の分布

　第一世代の近交系が確立したころ，われわれは野生メダカの分子レベルでの変異に関する研究に着手した．日本各地，韓国，中国の野生メダカを採集し，アロザイム分析やミトコンドリアDNAの解析によって，種としてのメダカが4集団（亜種）からなることが明らかとなった（図1）．その後，これら4集団の間には種レベルの差異があると認識されるようになり，南日本集団が*Oryzias latipes*の学名を受け継いでミナミメダカ，北日本集団はキタノメダカ *O. sakaizumii*，中国・西韓集団はチュウゴクメダカ *O. sinensis* と命名されるにいたっている．東韓集団は，形態的に判別が困難であることからいまだ別種扱いされておらず学名もない（図1）．各地から収集した野生メダカは「野生系統」として今日まで保存されている．

　メダカと同じ属の一員として扱われてきた近縁種が東南アジア一帯に分布している．1980年ごろから，宇和 紘，岩松鷹司らを中心にして，現地の研究者とも共同してこれらの研究が進められた．今日ではメダカ属の約30種が，核型やDNAの塩基配列から3グループに分類されることが判明し，詳細な系統関係が明らかになっている（図2，3）．これらのうち約20種が日本国内で保存されている．

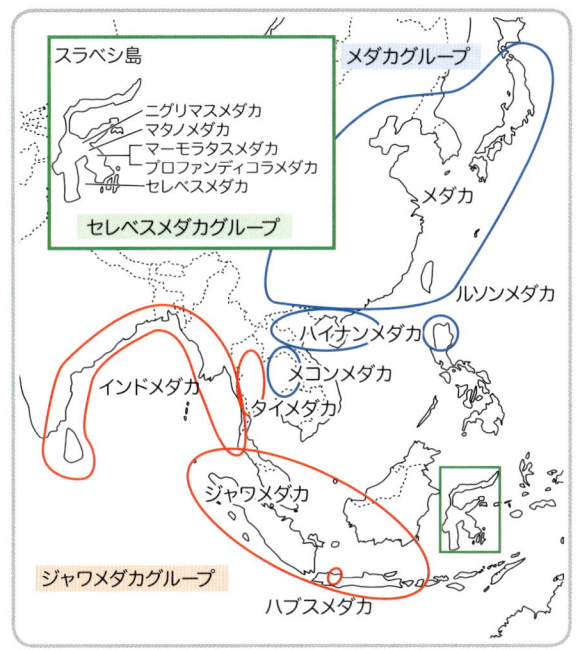

**図2 ● メダカ近縁種の分布**
メダカ近縁種の地理的分布．各分布を示す色は図3の系統樹の色に対応

# 生物遺伝資源としての整備

### 1 実験動物としてのメダカの有用性

　メダカはこれまで発生学，遺伝学，生理学，放射線生物学などきわめて多様な分野で実験動物として利用されてきた．スペースシャトル内で産卵して地上に帰還したことも記憶に新しい．このように広く利用されてきた理由は飼育が簡単なことである．例えばエアレーションなしの小さな水槽で簡単に飼育でき，人工の飼育条件（14時間明―10時間暗，26℃）で一年中，毎日採卵できる．また2～3カ月で成熟することから遺伝的解析も容易である．体外受精し，胚が透明なので，受精，初期発生，形態形成を

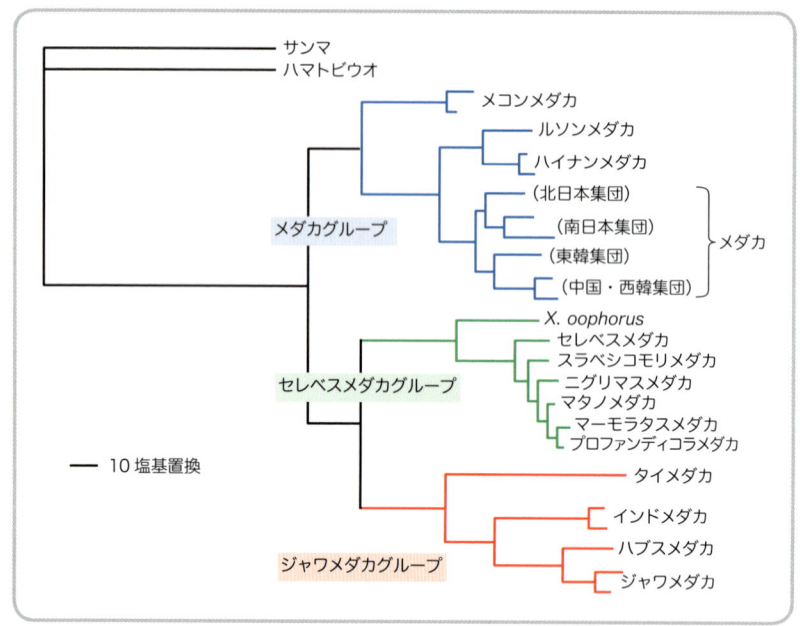

**図3● メダカ近縁種の系統**
チロシナーゼおよび12S, 16SrRNA遺伝子の塩基配列にもとづくメダカ近縁種の分子系統樹．水平スケールは塩基置換数を示す（文献2を元に作成）

含めてすべての発生過程を顕微鏡下で観察できる．さらに体が小さいため狭い場所で多数の飼育ができ，そのため維持費も比較的安い．また温帯性の魚なので野外でも飼育でき，冬季の低温や夏季の高温にも耐えるなどの特徴もある．

## 2 メダカのバイオリソースとしての整備と確立

　日本を中心とするメダカ研究の長い歴史のなかで，近交系，自然突然変異体，国内外で採集された野生系統，東南アジア各地から収集された近縁種，遺伝子導入系統，遺伝子破壊系統など多くの系統が樹立されてきた．最近では化学変異源ENUを用いて精子に人為的に突然変異を起こし，それをホモ接合にすることで，初期発生，器官形成などに関する多くの誘発突

然変異体も同定されている．2002年に開始されたナショナルバイオリソースプロジェクト（NBRP）においてもメダカは重要なリソースの1つとして選定された．現在ではライブリソースに加え，ESTやcDNA，BAC/Fosmidクローンなどのゲノムリソースとゲノム情報などさまざまな生物遺伝資源・情報を提供している．

モデル生物としての生物遺伝資源整備が進んだメダカではこれを用いた性決定・性分化および性染色体の進化に関する研究が展開されている．最後にその概要を紹介する．

## 進化的に新しい性決定遺伝子をもつ

會田龍雄がメダカの体色変異を用いてY染色体に連鎖した遺伝様式を報告したのは1921年のことであった．この時点でメダカがヒトと同様XX–XY型の性決定様式をもつことが判明した．一方，山本時雄はメダカの性が性ホルモン投与によって遺伝的な性とは関係なく変更可能であることを報告した．しかし，性決定を担うメダカの性染色体については未解明のままであった．われわれは山本が用いたd-rR系統に由来する近交系（Hd-rR）と新潟産野生メダカ由来の近交系（HNI）の間の遺伝的差異を利用して，Y染色体上の体色遺伝子rの近傍にメダカの性決定遺伝子Dmyを同定した．しかもrおよびDmyの近傍では雄特異的に組換えが抑制されていることも判明した．こうして，80年以上前に発見された「限性遺伝」の実態がはじめて明らかになったのである．

ところが，性決定遺伝子としてのDmyの普遍性を検討したところ，メダカに最も近縁なハイナンメダカだけがDmyをもつこと，ZZ–ZW型の性決定様式をもつ近縁種も存在することが判明した．つまり，Dmyはメダカとハイナンメダカに特有の性決定遺伝子で，進化的にきわめて新しい遺伝子であることになる．また，ハイナンメダカ以外の近縁種がDmyとは異なる性決定遺伝子をもつことを意味する．Dmyが，脊椎動物の精巣の分化・維

持にかかわる遺伝子*Dmrt1*の重複に由来することを考え合わせると，近縁種の性決定遺伝子の解明は，脊椎動物の多様な性決定機構を生み出した遺伝子基盤の解明に繋がることが期待できる．このように，性決定基盤の異なる近縁種が多数存在し，遺伝子地図，ゲノム概要配列などのゲノム関連情報が整備されたメダカは，脊椎動物の性決定機構とその進化を遺伝学的，分子生物学的に解析できるたいへんユニークな系であるといえる．

**引用文献**
1) Takehana, Y. et al.：Zoolog. Sci., 20：1279–1291, 2003
2) Takehana, Y. et al.：Mol. Phylogenet. Evol., 36：417–428, 2005

**参考文献・URL**
- 『メダカと日本人』（岩松鷹司），青弓社，2002
- 『メダカに学ぶ生物学』（江上信雄），中公新書，1989
- Kasahara, M. et al.：Nature, 447：714–719, 2007
- 『動物の多様性』（片倉晴雄，馬渡峻輔／編），pp107–144，培風館，2007
- 佐原雄二，吉田比呂子：弘前大学農学生命科学部学術報告，2：26–31, 2000
- NBRP Medaka（National BioResource Project Medaka）
  → http://www.shigen.nig.ac.jp/medaka/

## 著者プロフィール

**酒泉　満**（Sakaizumi Mitsuru）

1977年，東京大学理学部生物学科（動物学）を卒業．大学院の研究テーマは野生メダカの生化学的変異．各地で野生メダカを採集し，酵素の遺伝的変異から日本産野生メダカが2（亜）種からなることを発見．'84年，東京都臨床医学総合研究所に就職し，マウスの遺伝学的研究をはじめる傍ら海外のメダカも含めたメダカの分子系統学的研究を展開する．'93年に新潟大学に移るに際し，メダカの性染色体に関する研究を開始する．2002年に，*SRY/Sry*に続く脊椎動物で2番目の性決定遺伝子*Dmy*を発見．現在，野生集団の自然突然変異やメダカ近縁種を用いて性染色体と性決定機構の進化に関する研究を行っている．

# Column

## 江戸時代のヒメダカと限性遺伝

　ヒメダカやシロメダカは野生のメダカ（ミナミメダカ）と色が違うだけでほかに大きな違いはない．野生メダカに突然変異が起きて，皮膚の黒色素胞内のメラニンをつくれないのがヒメダカ（$bb, RR$），さらに黄色素胞の色素まで合成できなくなったものがシロメダカ（$bb, rr$）である．岩松鷹司によると，ヒメダカの最も古い記録は小野蘭山の「大和本草」（1780）にある「一種赤色のものあり」という記述である．また，学術的にも価値があるヒメダカの絵は毛利梅園の「梅園魚譜」（1826〜'43）にみられる（図①）．

　シロメダカの雌にヒメダカの雄を交配すると$F_1$はヒメダカ（$bb, Rr$）となる．$r$遺伝子座は性染色体上にあるため，$F_1$雄（$bb, X^rY^R$）をシロメダカ雌（$bb, X^rX^r$）に戻し交配すると子どもの雌はすべてシロメダカ，雄はすべてヒメダカとなる（図②）．この結果から會田龍雄は「限性遺伝（＝Y連鎖遺伝）」を報告した．さらに，この家系は何代交配を重ねても雌はシロメダカ，雄はヒメダカのままである．この系統の子孫を用いて脊椎動物ではじめて，性ホルモン投与による性転換が実証され，脊椎動物で2番目となる性決定遺伝子 $Dmy$ がメダカで発見されたのである．江戸時代の「物好き」に感謝せねばなるまい．

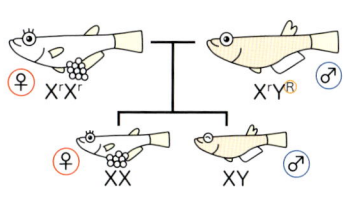

図②● 限性遺伝

図①● 梅園魚譜

# 3

## イギリス生まれで世界が育てた小さな虫
# 線虫C. エレガンス
―遺伝子，細胞，個体をつなげ
　7年間で6人とともにノーベル賞を受賞

香川弘昭（岡山大学大学院自然科学研究科）

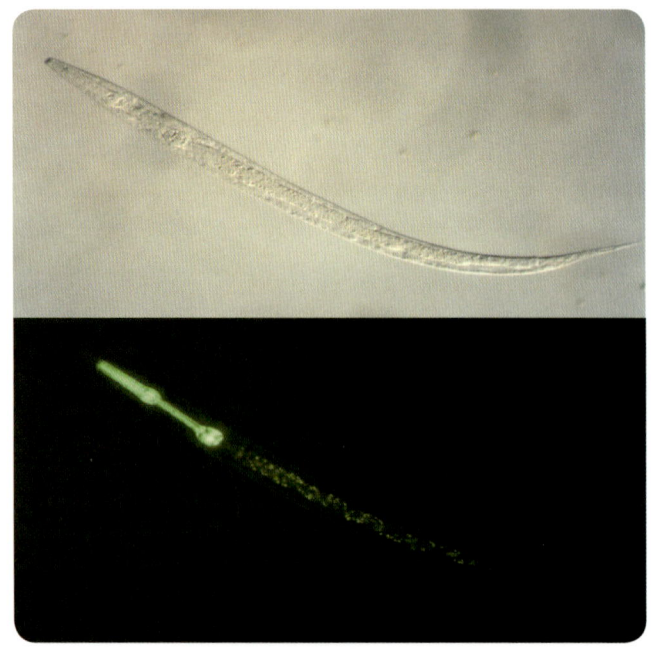

同じ線虫の明視野とGFP観察

# 小さな線虫から大きな成果

　線虫を使った研究から2002年，'06年，'08年のノーベル賞受賞者が計6人も出たことで，その重要性が知られるようになった．1960年代にセントラルドグマが確立された後，遺伝子・細胞から個体までを研究する多細胞モデル生物として線虫C.エレガンスが選ばれ，遺伝学の成果が報告された'74年から数えて，（ノーベル賞の）2002年まで28年，今年'14年で40年目になる（**図**）[1]．

　線虫はモデル生物として早易安単の条件を満たしている．線虫は20℃，3日間で成虫になる雌雄同体で1匹の個体から子孫が生まれ，稀にいる雄との交配も可能なので細菌と同様に遺伝学が使える．透明な体をもち大腸菌を塗布したペトリ皿の寒天培地で生育するので，実体顕微鏡で発生過程が染色や固定することなく，細胞分裂がいつ，どこで，いかに行われるかを容易に観察できる．体は簡単だが神経・筋肉・腸・皮膚など高等生物の組織をもっている．線虫の全細胞系譜が'83年，全神経回路網が'86年，全塩基配列が'98年に報告された．線虫は病気から進化まで遺伝子，細胞，行動を通して調べられるトータルバイオロジーのモデル生物である．

## ● 線虫C.エレガンス ～*Caenorhabditis elegans*～

| | | | |
|---|---|---|---|
| 和名 | 線虫，C.エレガンス | 成体になる日数 | 20℃，3日 |
| 分類 | 線形動物門 双腺綱 カンセンチュウ目 | 特殊能力 | 耐性幼虫は食べずに長生きかつ運動性 |
| 分布 | ヨーロッパ，ほか | 野生のものとの違い | *npr-1* 変異のため単独行動 |
| 生息環境 | 土壌，キノコ | | |
| 体重・体長 | 1 mm | | |
| 寿命 | 数カ月 | 天敵 | 線虫を食べるキノコ |
| 主食 | 大腸菌 | | |
| 飼育環境 | 大腸菌を塗布した寒天培地（35mm皿） | 線虫提供先 | CGC; E-mail : stier@biosci.cbs.umn.edu |

**図● ノーベル賞受賞記念シンポジウム「線虫の過去・現在・未来：そんなに卑しい虫ではない」Hinxton 2003**
前列左からHodgkin（BrennerのTシャツの4人目），Sulston, Brenner, Horvitz．3段目左端横向きChalfieと話しているWaterston

## 線虫研究35年の成果

### 1 遺伝学—突然変異体の単離と同定

　生物の特性を分裂と増殖にあると考えた研究者はセントラルドグマの確立で「分子生物学は終わった」と考えた．BrennerはCrickと議論して「発生と神経系」を研究するため，線虫をモデル生物に選んだ．まず，異常Uncoordinated変異体を百種ほど単離して，5つの常染色体と1つの性染色体上の遺伝子座位に位置づけた．その後の研究で変異の原因は筋肉・神経関連分子のみならず，転写因子，性決定などにかかわる多数の機能分子であることが明らかになった．特に表現型のはっきりしている性決定や陰門Vulva形成にかかわる遺伝子群の研究について変異体および復帰突然変

異体を単離するという方法を繰り返した．成果は細胞分化・情報伝達など多岐にわたる研究分野に影響をおよぼし，現在ではアルツハイマー病にもかかわる遺伝子などが同定されている．

## 2 生化学—遺伝子産物の同定

'77年第1回日本分子生物学会の特別講演でBrennerは，単離した線虫の突然変異が筋肉遺伝子にあり，ミオシン重鎖の欠失，筋線維異常などがみられたことについて話した．講演の主旨は「微生物で成功した遺伝学の手法が高等生物の研究でも適用できる」ことであった．その後，遺伝子操作の確立で，単離されたミオシン重鎖やパラミオシンなど，筋タンパク質の変異体遺伝子の構造決定は他の生物に先駆けて報告され，'98年に多細胞生物ではじめての全ゲノムの塩基配列が決定された．現在ではすべてのアイソフォームの単離同定や，単離した遺伝子の機能の比較が容易になり，他生物の研究にも線虫データが併用されている．

## 3 細胞学—細胞分裂，発生分化そして細胞死

生活環が20℃で3日と短いことから発生や分化にかかわる遺伝子群が単離された．致死遺伝子もヘテロで維持して解析できる．4〜8分裂期に細胞の非対称性が生じることは，分裂初期の細胞破壊の実験からも明らかになり，母性遺伝子の役割などとともに順次明らかにされている．発生過程は前期の細胞分裂期から後期の形態形成期に二大別される．隣の細胞との関係や分泌物の影響などを通して，各細胞が分化していく様子を細胞系譜に位置づけて解析できる．重要なことは全細胞系譜を完成する過程で細胞死が起こらないと成虫の形態や運動などに異常が観察されることから，計画的細胞死がみつかり，一連の遺伝子の相関が解析された．'90年代にHorvitzらはそれらの遺伝子をクローン化して，産物や機能の相同性から，細胞死はヒトにいたるまでの多くの生物で普遍的な機構で起こることを証明した．

## 4 ゲノム学―全塩基配列の決定

　Sulstonは'83年に細胞系譜を完結した後，遺伝子DNAの全塩基配列の決定に取り組んだ．ランダムな制限酵素断片をつなぎ合わせて物理的地図を作成し，ショットガン方式とコンピュータによるデータ統合を行った．細胞分裂過程を整理する方法と同じように膨大な結果を順次つなぎ合わせた．実験操作をマニュアル化して初心者たちも容易に行えるようにした．当初は，友人に常識はずれの取り組みだといわれた実験も10年もすると多数の賛同者が現れ，15年後の'98年には多細胞生物としてはじめて全塩基配列が報告された．

　線虫はゲノムサイズが小さいわりに遺伝子数が多く，イントロンが少ない．線虫を使うといつ，どこで，どの遺伝子が発現しているか，遺伝子発現の制御因子を効率的に解析できる．得られた転写制御の様式はマウスやヒトの解析にヒントを与える．ゲノムに広がる遺伝子の分布状況や非コード領域の遺伝子発現制御も，Waterstonらにより類縁線虫の全塩基配列を決定してゲノム構造を比較することで解かれつつある．

## 5 発生学―転写因子，miRNA，情報伝達遺伝子カスケード

　多数単離された変異体の細胞系譜を詳しく調べることで，発生過程の異常なheterochronic変異体がみつかった．遺伝子*unc-86*はマウスやヒトのPit-1，Oct-1でみつかったDNA結合領域（POUドメイン）をもつ転写因子をコードしており，組織や細胞分化に対する共通の機能が推測された．*lin-4*と*let-7*は小分子RNAをコードしており，他の遺伝子のmRNAに結合して翻訳を抑制する．Fireらは2重鎖RNAの阻害効果の重要性を示し，体内で増幅され子孫まで有効であることを示唆した（**表1**）．

　陰門の形成過程の研究で*lin-12*遺伝子のクローニングから産物はハエのNotchと同じチロシンキナーゼ受容体であった．順次単離された関連遺伝子は*ras*情報伝達過程の遺伝子群であった．これらの分子機構については酵母から，虫，ハエ，マウスからヒトまで普遍的である．

**表1● 線虫研究経過とノーベル賞**

| テーマ | 受賞者 | 研究成果発表年 | 受賞年（受賞テーマ：ジャンル） |
|---|---|---|---|
| 突然変異体の単離と解析 | Brenner | 1974 | 2002（線虫：生理学・医学賞） |
| 302神経細胞の全神経経路網 | White | 1986 | |
| 卵から成虫までの1,000細胞の系譜 | Sulston | 1983 | 2002（線虫：生理学・医学賞） |
| ゲノムDNAの全塩基配列決定 | Sulston | 1998 | |
| 計画的細胞死の普遍性 | Horvitz | 1992 | 2002（線虫：生理学・医学賞） |
| 2重鎖RNA干渉 | Fire & Mello | 1998 | 2006（RNAi：生理学・医学賞） |
| GFPの発現 | Chalfie | 1993 | 2008（GFP：化学賞） |

## 6 生理学，神経学

　初期の研究者は薬理学的手法でアセチルコリン受容体に異常がある神経関連の突然変異体を単離したが遺伝子産物同定は困難だった．その後，遺伝子クローニングや細胞学的手法が発展して，いろいろな受容体構成成分の各遺伝子まで同定された．

　Chalfieは接触刺激にかかわる遺伝子を多数単離した．いくつかは$Na^+$チャネルの構成成分であった．遺伝子産物の発現組織同定はガラクトシダーゼ活性を指標とした解析に加えて，生きた細胞での機能解析も必要になった．彼らは遺伝子操作によりGFPを線虫で発現させ，'93年のScience誌の表紙を飾る研究成果を得た．Chalfieは2008年にGFP発見者の下村 脩と構造決定をしたTsienと，ノーベル化学賞を共同受賞した．GFP関連の技術は，生きた細胞で当該遺伝子の発現場所を観察できるのでいろいろな動物，植物に応用されている．

　線虫の神経細胞は302個で，全神経細胞の回路網がWhiteにより解明されており（1986年），各細胞に座標を与えて相互作用を解析するためのデジタル回路網もつくられている．日本では温度・塩・匂い，食物などの化

表2 ● 日本での線虫研究

| 西暦 | 学術集会（開催場所） | 世話人 |
|---|---|---|
| 1984 | 線虫講習会（京都大学化学研究所） | 高浪 満，小関治男 |
| 1985 | 第8回分子生物学会の後に線虫の集い（NEC） | 三輪錠司 |
| 1986 | 線虫集会 Sydney Brenner（国立遺伝学研究所） | 定家義人 |
| 1996 | C. elegans 講習会（国立遺伝学研究所） | 桂 勲 |
| 1997 | 第2回 線虫講習会（九州大学） | 大島靖美，森 郁恵 |
| 1998 | 第1回C．エレガンス日本集会（金沢大学） | 細野隆次 |
| 2000 | 第2回C．エレガンス日本集会（東京医科歯科大学） | 三谷昌平 |
| 2002 | 第3回C．エレガンス日本集会（名古屋大学） | 高木 新 |
| 2004 | 1st East Asia C. elegans Meeting（淡路） | 澤 斉，Junho Lee |
| 2006 | 2nd East Asia Worm Meeting（ソウル） | Joohong Ahnn，石原 健 |
| 2007 | International Symposium（岡山） | 香川弘昭 |
| 2008 | 3rd East Asia Worm Meeting（上海） | King L. Chow，大浪修一 |
| 2010 | 4th East Asia Worm Meeting（東京） | 黒柳秀人 |
| 2012 | 5th East Asia Worm Meeting（台北） | 木村 暁 |
| 2014 | 6th Asia-Pacific Worm Meeting（奈良） | 杉本亜砂子 |

学物質についての分子記憶や連合学習についての研究が盛んに行われている（表2）．

## 7 医学，農学 加齢，老化，遺伝病，寄生線虫

　最近の国際線虫学会では細胞死や加齢老化についての酸化ストレスや餌の有無などの影響に加えて，肥満や睡眠など人間生活に身近な研究も発表されている．耐性幼虫の成立過程やインスリン受容体の生理作用の研究が発展して，関連遺伝子を手がかりに研究課題は増えている．さらに，生物時計や集団行動など，これまでは突然変異体の生理学的解析が困難であった分野も加速度的に進展している．動物や植物に寄生する線虫や，細菌の線虫への感染についても，耐性線虫について知識と情報伝達遺伝子カスケードとの関連から新しい事実が次々報告されている[2]．

## 8 進化学，系統学

　ヒトの全塩基配列が'02年に報告されて以降，分析機器や試薬の改良で

塩基配列決定が容易になり類縁線虫のゲノム解析結果もデータベースに順次追加されている．コード領域から遺伝子産物タンパク質のアミノ酸配列の比較のみならず，遺伝子上流やイントロン内領域の相同性比較から転写関連因子の探索などもゲノムワイドな研究として進展している[3]．地球上の生物の1/3といわれ，これまで解析不可能であった多数の線虫類もいろいろな切り口から解析され，種分化などもわかってくるだろう．

## 研究展望―3人よれば文殊の知恵

「発生と神経系」を研究するため，遺伝学と生化学が使える多細胞生物モデルとして，線虫の利用範囲はBrennerの予想以上に広がっている．ゲノム解析の進展，発現系観察技術の進展で，線虫を使えば遺伝子から個体までの因果関係がわかる．線虫研究者は大きなグループも個人の研究者も成果をURLにWormBase[4]として公表して互いに助け合うので，熟練者も初心者も容易に主題について研究討論できる．

さらに，全遺伝子のノックアウト線虫，マイクロアレイによる網羅的遺伝子発現の解析，翻訳後の糖鎖修飾，病気関連遺伝子，ゲノム構造の詳細な比較などの解析が進行している．データベースは線虫研究者のみならず，これまで線虫に縁のなかった研究者にも真価を発揮する．病気の原因遺伝子や加齢に伴う病変などを培養細胞やノックアウトマウスを使って研究する場合，寿命の長い生物では胚発生から個体死までの詳細な観測には時間がかかる．将来への鍵はより高次の生物現象であるネットワーク（インターラクトームや神経回路など）や特異性（進化・種分化など）の解決であろう．

ノーベル賞学者Lederbergの残した「大きく考え，細かく実行する」という考え方は，各分野で大業を成した人物たちに共通している．黒澤 明映画監督は仏教の「仏心鬼手」，犬養 毅首相は論語の「智圓行方」という語句を残している．BrennerはMany a little makes a mickle.（雨垂れ石を穿つ，愚公移山）ということわざを引用している．SulstonはCommunication,

Collaboration and Archivesの重要さを強調している．実験の合間のわずかの「ヒマ」をとり，将来への夢を描くことができれば苦労を果実に結びつけられるだろう．

**引用文献・URL**
1) Bargmann, C. & Hodgkin, J. : Cell, 111 : 759-762, 2002
2) Ogawa, A. et al. : Curr. Biol., 19 : 1-5, 2009
3) Sleumer, M. C. et al. : Nuc. Acid. Res., 10 : 1-12, 2009
4) WormBase
 → http://www.wormbase.org/

**参考文献**
- 『線虫ラボマニュアル』（三谷昌平／編），シュプリンガー・ジャパン，2003
- 『C. ELEGANS II』（Donald L. Riddle／編），Cold Spring Harbor Laboratory Press, 1997
- 『線虫―究極のモデル生物』（飯野雄一，石井直明／編），シュプリンガー・ジャパン，2003
- 『エレガンスに魅せられて―シドニー・ブレナー自伝』（シドニー・ブレナー／述，ルイス・ウォルパート／著，エロール・フリードバーグ，エレノア・ローレンス／編，丸田浩ら／訳）琉球新報社，2005
- 『はじめに線虫ありき―そして，ゲノム研究が始まった』（アンドリュー・ブラウン／著，長野 敬，野村尚子／訳），青土社，2006

## 著者プロフィール

### 香川弘昭 (Hiroaki Kagawa)

　1972年名古屋大学理学部分子生物学研究施設（朝倉 昌先生）で大学院を修了．細菌鞭毛タンパク質の分子集合について物理化学，免疫化学的研究，2年間の学振研究員を経て'79年まで助手．東京大学（飯野徹男先生）で流動研究員として遺伝学を学び，'79年に岡山大学に移った．広田幸敬先生の紹介で'83～'85年英国MRC分子生物学研究所（S. Brenner所長）の第1級研究員として線虫の分子生物学研究に従事．新しい課題に新しい手法を導入する研究態度を学ぶ．線虫突然変異体の運動不良がアミノ酸側鎖の電荷相互作用による筋線維形成異常であることを突き止めた．帰国後も筋肉タンパク質，特にカルシウム信号伝達関連の遺伝子・筋線維集合・遺伝子発現について研究，ゲノムの解析も手がけて，興味をもっていた進化の研究に道筋がみえたところで定年退職．

# Column

## 知好楽

　私の線虫との出会いは，国立遺伝学研究所の広田幸敬先生と議論した三島の焼き肉屋にはじまる．広田先生からパスツール研時代からの知り合いであるMRCのBrennerを紹介された．はじめてケンブリッジで線虫を顕微鏡観察していたとき，彼に後ろから杖で肩を叩かれたのを思い出す．当時，彼は分子生物学研究所の所長で，日本のTV映画「孫悟空」に夢中であった．

　Brennerはなぜ線虫を選んだか？ 彼は南アフリカに生まれ独学の術を身につけ，医学奨学生のころに植物生理学・生化学・細胞生理学を学んだ．物理学の因果関係の重要さを知り，量子力学に関する問題を学び，アインシュタインの本も読むし，古生物学から進化にも興味をもった．オックスフォード大学でファージの実験で学位を取得後，ケンブリッジに移り分子生物学研究所でCrickとともに遺伝コードを解いた．「複製と転写」の化学反応はいずれ解かれると判断して，次の課題「発生と神経」を研究するための計画案をPerutzに提出した．素過程や単純モデルで問題を解く重要さを考え，バクテリアやファージのように扱える生き物として，'63年に簡単な後生動物の線虫 *Caenorhabditis briggsae* を選び，後により適した *C. elegans* に切り替えた．世界各地から多くの研究者が集まり線虫研究が軌道に乗ると，彼は次の課題に取り組み，'81年から2年ごとに開かれる線虫の国際集会には参加してない．ゲノムサイズの小さいフグのゲノムを扱い，現在はゲノムサイズの大きなサンショウウオの神経で発現するcDNAを解析している．遺伝子発現から細胞分化を，そして生き物の進化過程を，解くつもりなのだろう．

　線虫を使った研究により，細胞系譜が明らかにされ，全ゲノムのDNA塩基配列が決定され，発生過程で発現している遺伝子類が明らかになった．細胞の分化過程を可逆的にたどることが可能になり，ES, iPS, STAPなどの幹細胞の作製から，病気の体に再生した細胞を移植する道が開けつつある．個体を超えた進化の過程も順次明らかにされるが，生命の起原はいまだ手つかずである．宇宙から生命をみつけるなど，さらなる興味は尽きない．

# 4

*Drosophila*

## 遺伝学研究の最前線を飛び続ける
# ショウジョウバエ
### ——50,000種類以上の系統がすぐに使える

山本雅敏（情報・システム研究機構国立遺伝学研究所系統生物研究センター）

**キイロショウジョウバエ（*Drosophila melanogaster*）**
左上）野生型．オス（上），メス（下）．メスの方が体が大きい．オスの腹部末端は黒い．右上）バランサーと呼ばれるX染色体をもつオス（上）とメス（下）．眼は細い棒眼（Bar eye）で，白眼，背の剛毛は縮れ（singed）ている．オスは妊性が正常であるが，メスは不妊である．ただし，このバランサー（*FM7c*）がヘテロであれば妊性が正常となる．下）キイロショウジョウバエには多くの突然変異体が存在しており，形態だけでも多くの種類がある

# 4 ショウジョウバエ

## 身近に生息するごくありふれた昆虫

　ショウジョウバエは双翅目昆虫で，世界に約3,000種が知られており，そのうち257種が日本に生息し，わが国の固有種は約100近くにのぼる．ショウジョウバエ科の形態的特徴は，非常にわかりやすい赤い眼に加えて，翅の前縁脈にある2カ所の切れ目，第5縦脈の先端が翅の縁にまで到達している，などの形質を併せもつことである．この赤い眼と漬物やお酒などに集まること，また人目に付きやすく生活と密接なかかわりをもつことで，誰もが知っている小さな昆虫である．

　ショウジョウバエのなかで遺伝学研究にとって最も重要な種は，キイロショウジョウバエ (*Drosophila melanogaster*) である．このハエを遺伝学の研究に最初に使用したのは，マウスの研究で著名なCastleで，1906年のことであるから100年以上の歴史がある．その後，Morganが1910年に白眼の突然変異を発見したのが，現代遺伝学のはじまりと科学史的には考えられている．

### ● ショウジョウバエ 〜 *Drosophila* 〜

| 代表種 | 和名 | キイロショウジョウバエ |
|---|---|---|
| | 学名 | *Drosophila melanogaster* |
| 分類 | | 節足動物門 昆虫綱 双翅目 ショウジョウバエ科 |
| 分布 | | 全世界の陸地（北極圏と南極圏を除く） |
| 生息環境 | | 野外．人家性ともいわれる |
| 体重・体長 | | 1 mg，2〜3 mm（雌は少し大きい） |
| 精子の長さ | | 2 mm（雄の体長と同じ） |

| 寿命 | 約30日（飼育環境によっては60日） |
|---|---|
| 食餌 | 野外では腐敗果実，漬物，酒 実験用培地（原材料：コーンフラワー，ブドウ糖，ショ糖，寒天，酵母など） |
| 俗称 | コバエ．英語ではfruit fly, vinegar fly, pomace fly |
| 産卵数 | 約200〜300個／雌（7〜15個／日） |
| 成熟期間 | 卵から成虫まで約10日（25℃） |

# ショウジョウバエはモデル生物の優等生

## 1 ショウジョウバエ研究の黎明期
### —メンデルの遺伝法則の実験的証明を求めて

　ショウジョウバエが遺伝学の研究に不可欠な研究材料となった決定的な契機は，Morganが1910年に白眼の突然変異を発見したことに尽きる．1900年のメンデルの遺伝法則の再発見から，多くの研究者はこの法則の実験的確認を急いだが，法則を疑っている者もいた．Morganはその一人であったとSturtevantが回想している．Morganは，観察の蓄積で研究を進めるタイプではなく，思考を重ねた結果生まれる仮説を，実験を通して検証することを生涯実践した．彼は遺伝の研究には，短時間で世代交代し，実験室で条件を変えても飼育が容易な生物を求めていた．そのため，ハツカネズミ，ラット，ハト，アブラムシなどを検討したという．その過程で，Castleがショウジョウバエを用いた同系交配の妊性研究を行っていることを聞き，すぐさま実験材料に選び突然変異体の発見に取り組んだ．

　当時はカイコ（**第10章**参照）の遺伝学が先行しており，メンデルの遺伝法則を動物を用いて交配実験ではじめて確認したのは外山亀太郎であった（1906）．それまでは植物が主たる研究材料であったが，遺伝学研究に昆虫を用いることの優位性が認識された出来事でもあっただろう．その後，カイコより連鎖群が少なく，安価で，容易に，しかも短時間で次世代を多数生じるショウジョウバエで次々と可視突然変異体が発見され，Morganのノーベル賞受賞でさらに活気づき，遺伝学研究の流れは一気にショウジョウバエに移った．

## 2 遺伝資源としての系統の開発・維持・情報公開

　突然変異の発見により標識遺伝子が豊富になり，遺伝学は急速に進展した．すでにSuttonやMontgomeryらによって，減数分裂における染色体

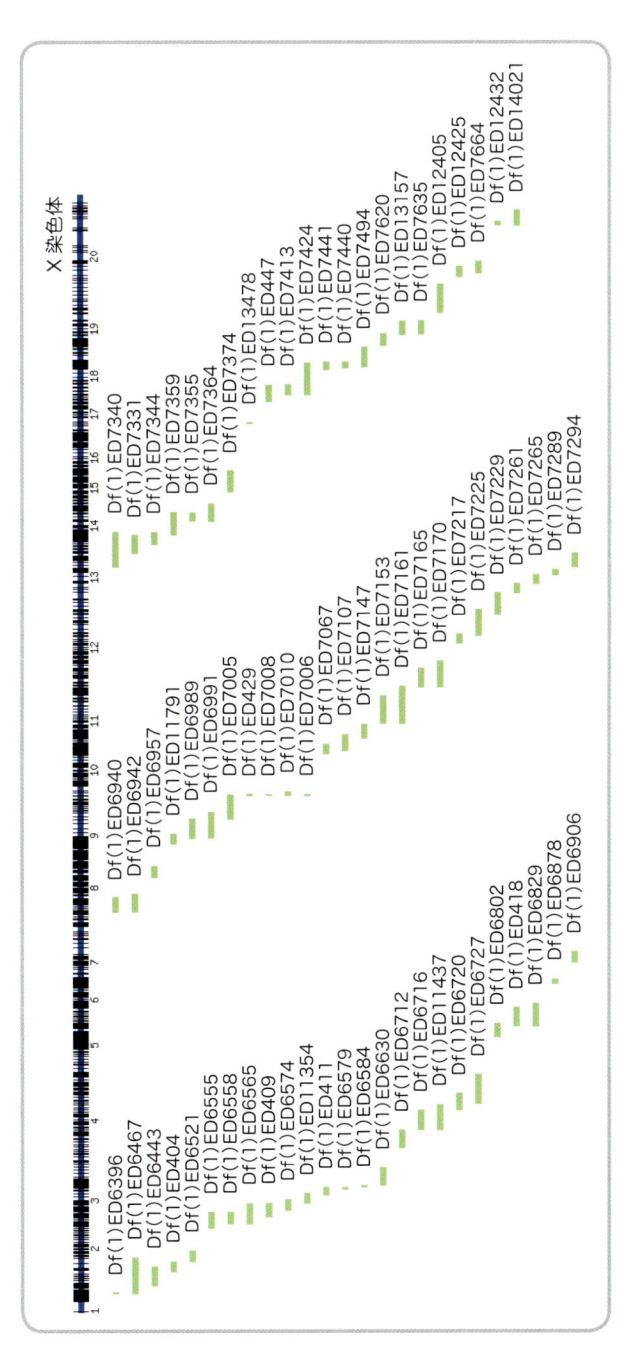

## 図1 ● X染色体上の欠失の分布

青の実線 ━━ は染色体、緑の実線 ━━ は欠失の大きさを示している。欠失の大きさは唾腺染色体地図やDNA情報で決定されている。Dfは欠失（Deficiency）で、(1)はX染色体、その右の記号と数字は系統名を表している。黒線は唾腺染色体のバンドを示している。X染色体の下の1～20の数字は、唾腺染色体地図を示している。X染色体のほぼ全域に欠失が分布しており、すべて系統として維持されている。他の染色体も全く同様であり、ゲノム全域を対象とした遺伝子解析が可能である（文献3より改変して転載）

の分配と遺伝子の分配（メンデルの分離）に関係があることが推測されていた状況のなか，Bridgesは交配実験と染色体観察による実験的証明を記念碑的学位論文で報告し染色体説は完璧なものとなった（1916）．

　最初の連鎖地図はSturtevantがX染色体上に5つの遺伝子座を報告することで作成が開始され（1913），MullerのX線による突然変異の人為的発生や染色体異常の作製が相まって系統は豊富になり，ショウジョウバエを有用な遺伝資源として論文発表前にでも利用できるように情報誌DIS（Drosophila Information Service）で公開された．その後，1944年にBridgesとBrehmeによって『The Mutants of *Drosophila melanogaster*』[1]にまとめられ，改訂版を経て現在のゲノムデータベースFlyBase[2]に発展した．

## 3 染色体異常の利用でゲノム全域の遺伝子解析が可能に

　ショウジョウバエの「系統」とは，突然変異を確実に維持したまま何世代も純系として継代交配によって維持されている単位のことで，特定の突然変異遺伝子をもつ個体群で構成される．ショウジョウバエの系統維持では，致死遺伝子や不妊遺伝子を維持する場合も，兄弟姉妹をそのまま新しい飼育ビンに移すことで，全く同じ遺伝子がその集団内に維持される．各世代ごとに特定の表現型を示す個体を選別する必要がない．これは，組換え体を子孫に残さないバランサーと呼ばれる逆位を利用したものである．付着X染色体法もショウジョウバエだけで使用される重要な系統維持技術である．この技術のおかげで，ショウジョウバエ遺伝資源と総称されるうち，生きた「ショウジョウバエ」系統の維持総数は，約50,000系統以上にまで増加している．しかも，常に生きた状態で維持しているため，いつでも成虫を発送できることから，国内はもちろん国外の利用者でも提供依頼から7日後に系統を受け取り，迅速な研究推進が可能である．なかでも欠失は，**図1**に示すようにほぼ全ゲノムにわたって作製され，系統として維持されている[3]〜[5]．こうして，新しい技術をショウジョウバエに応用することにより，短期間で全ゲノムを基盤とした系統の作製が可能となった．

図2 ● 雌雄モザイクの例（文献6より引用）

## 4 雌雄モザイクを応用した機能解析

　蝶の愛好家にとって，雌雄モザイク個体は非常に貴重で高価な値がつくらしいが，ショウジョウバエでも多くのモザイクが1914～'16年にMorganらによって研究されている（**図2**）[6]．88,025匹の成虫から40匹の雌雄モザイクを得ており，標識遺伝子を用いることで，この現象は雌にだけ生じるものであり，母性・父性の片方のX染色体が消失して起こると結論付けている．この仮説検討の過程が素晴らしい．この後モザイク解析は，初期発生や神経発生，また特定の器官などにおけるクローン解析などに発展する．この研究は，性決定，細胞自律性，染色体やクロマチンの削減，倍数性，ヘテロクロマチンなど，多くの問題を考えるきっかけになったに違いない．

## 5 基礎生物学から生命科学研究・医学分野まで

　「DNA塩基配列と染色体構造の関係」「遺伝様式，進化と遺伝子や染色体との関連」「遺伝子発現とその可視化」「挿入配列の発見」「形態形成における遺伝子プログラム」「行動や学習など高次生体機能と遺伝子制御の関係」

など，多くの重要な遺伝学の研究成果がショウジョウバエで発見され，他の生物への普遍的理解が深められた．これらはショウジョウバエで開発・応用された種々の交配実験技術や遺伝子工学技術の豊富さによる．改変遺伝子導入はトランスポゾンの応用で容易であり，GAL4-UASシステムを利用した導入遺伝子の組織特異的な強制発現系，FLPリコンビナーゼによる染色体異常の作製や，モザイク解析（1細胞レベルでの遺伝子機能解析），組織特異的なRNAiの誘導，相同組換えによるノックアウトやノックイン体の作製などが一般的な技術として用いられている．ショウジョウバエにおいて任意の遺伝子の突然変異を高い頻度で作製するシステムが開発された[7]．ゲノム編集ツールとして用いられているcas9をもつ系統と，g RNAを作り出すための系統を別々に準備し，それらの交配によって，生殖細胞系列で突然変異を起こさせるシステムである．DNA情報から遺伝子として推定される領域を欠失させたり，塩基置換を起こさせるなど，非常に有用な技術が実用化された．

　キイロショウジョウバエのゲノム配列は1999年に公開され，2001年に解読が完了した．現在ヘテロクロマチン領域を含めより詳細な解析研究が続けられているが，2014年現在では約16,000遺伝子が確認されている．しかも，生命の形成と維持に必須な遺伝子の実に70％以上がヒトの遺伝子と相同性を示すことも明らかとなり，生命維持の基本的メカニズムの解明においては，マウスやラットなどの哺乳動物からだけではなく，利用が容易で詳細な研究が迅速に行えるショウジョウバエが有効であることが広く認知されるようになった．最近では，がん，神経変性疾患，糖尿病，筋委縮症，心臓病，薬物中毒など幅広いヒトの疾病遺伝子の機能解明に利用されるようになった．

## 6 進化遺伝学における新たな研究成果

　Sturtevantは自然集団から得られたキイロショウジョウバエの雄を実験室の雌との交配で生じるはずの雄は致死となり，雌は完全不妊になるという不和合性から，オナジショウジョウバエという新種を発見した（1919）．

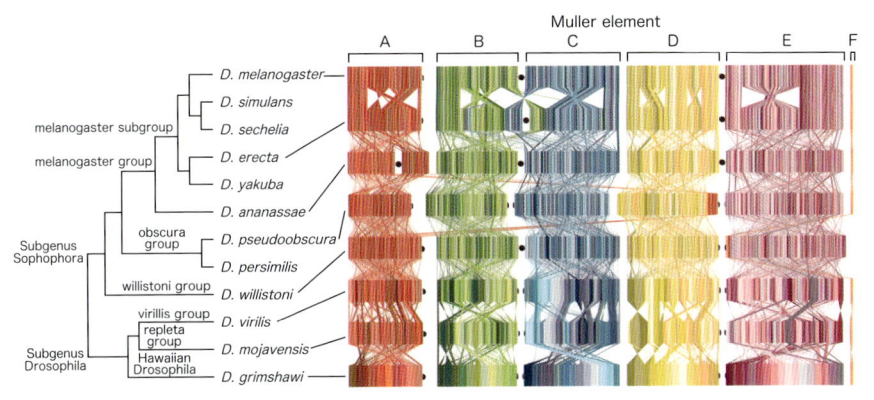

**図3 ● ショウジョウバエ科の系統樹と，遺伝的相同性を残した染色体単位（Muller element：A, B, C, D, E, F）間での染色体再配置を塩基配列をもとに表したもの**
1本の縦線は1つの遺伝子を示し，各種間での相同遺伝子の位置をプロットしている．動原体は黒丸（文献12より転載）

　このSturtevantのパイオニア研究は，雑種遺伝学の新分野を創出し，種分化遺伝子の探索とその遺伝的機能に関する研究が盛んになった．ショウジョウバエのほぼすべての種の雄は減数分裂で染色体の組換えを起こさない．キイロショウジョウバエの雄にはほぼ完全に組換えがなく，例外的な組換えはトランスポゾンにより引き起こされるものである．しかし，アナナスショウジョウバエ（*D. ananassae*）には，ほとんど組換えのないものから雌と同程度起こるものがあり，この原因と減数分裂過程の研究はほとんど日本でしか行われていない[8)9)]．また，ノハラカオジロショウジョウバエ（*D. triauraria*）には同種でありながら光周性を示す北方集団（青森県）と光周性を示さない南方集団（沖縄県）との交配実験と系統間SNPを利用して，光周性に関与する遺伝子の追求を行った研究もある[10)]．残念なのはクロショウジョウバエの系統が第二次世界大戦後ほぼすべて失われたことである．千野光茂によって，アメリカのMorgan研究室と同程度の突然変異体が収集されており，特徴となる形態的特徴も記載されておりながら一瞬に消滅したのは非常に無念であっただろうと思われる．

近年，休眠，光周性，低温耐性，単為生殖，雑種不妊，雄組換え，体細胞組換えなどキイロショウジョウバエでみつかっていない生物種特異的生命機構の解明に向け，12種のショウジョウバエのゲノム配列が解析された[11]．また，ショウジョウバエ8種の系統樹と染色体DNAの配列比較が報告された（図3）[12]．今後12種とそれ以外の種を用いてゲノム情報を相互比較することで同じ機能をもつ遺伝子の推定ができるとか，種に特異な生物機能の原因遺伝子の推定，突然変異の作製などが可能となり，種を代表するDNA情報から多くの研究成果が得られるであろう．

## ポストゲノム研究のモデルにもなる高品質遺伝資源

　ゲノム解析に続き遺伝子の産物であるタンパク質の産生と機能との関係を明らかにするため，プロテオミクス分野の発展が期待される．プロテオミクスの研究も最近の分析技術の飛躍的な向上により，微量なペプチド断片のアミノ酸配列まで決定できるようになった．微量な試料で解析できる技術は高度な純系を要求する．どのぐらい高度かというと遺伝子配列の情報がどの個体においても同一で，その再現性が維持されるほどの遺伝的均一性の高さが必要である．それに応えられるショウジョウバエを利用すれば，ゲノムのSNPを応用した活性ペプチドの分析も可能となる．2014年現在，われわれは受精にかかわる諸過程におけるタンパク質のダイナミクスを解析しており，精子形成から受精機能の研究も染色体から遺伝子，そしてプロテオミクス研究へと移行している[13][14]．

　ゲノム，遺伝子，タンパク質などの研究基盤から，ショウジョウバエの生態と関連した生存適応である各種行動や反応，生殖機構などに対し，最新テクノロジーを駆使した標識とその観察方法を用いて，モデル生物としてのショウジョウバエを直視することから全く新しい研究のきっかけと発想が生まれてくることを期待している．

**引用文献・URL**

1 )『The mutants of Drosophila melanogaster』(Calvin B. Bridges & Katherine S. Brehme), Carnegie Institution of Washington, 1944
2 ) FlyBase
　→http://flybase.org
3 ) イギリスのケンブリッジ大学遺伝学部の運営するサイト『DrosDel』のChromosome X Coverage Map
　→http://www.drosdel.org.uk/datagraph-X-all-pre.php?submit=Chromosome+X
4 ) Ryder, E. et al.：Genetics, 177：615-629, 2007
5 ) Ryder, E. et al.：Genetics, 167：797-813, 2004
6 ) Morgan, T. H. & Bridges, C. B.：The origin of gynandromorphs. 『Contribution to the genetics of Drosophila melanogaster』, pp1-122, Carnegie Institution of Washington, Publication No. 278, 1919
7 ) Kondo, S. & Ueda, R.：Genetics, 195：715-721, 2013
8 ) Moriwaki, D.：Jpn. J. Genet., 16：37-48, 1940
9 ) Goñi, B. et al.：Genome, 55：505-511, 2012
10) Yamada, H. & Yamamoto, M. T.：PLoS One, 6：e27493, 2011
11) Stark, A. et al.：Nature, 450：219-232, 2007
12) Bhutkar, A. et al.：Genetics, 179：1657-1680, 2008
13) Takemori, N. & Yamamoto, M. T.：Proteomics, 9：2484-2493, 2009
14) Rettie, E. C. & Dorus, S.：Spermatogenesis, 2：213-223, 2012

**参考図書・URL**

- 『Biology of Drosophila』(Milislar Demerec／編), John Wiley and Sons, 1950
- 『遺伝学ノート―ショウジョウバエと私』(森脇大五郎／著), 学会出版センター, 1988
- 『Fly Pushing：The Theory and Practice of Drosophila Genetics Second Edition』(Ralph J. Greenspan／著), Cold Spring Harbor Laboratory Press, 2004
- 『Drosophila：A laboratory handbook. Second Edition』(Michael Ashburner, Kent G. Golic, R. Scott Hawley／著), Cold Spring Harbor Laboratory Press, 2005
- DGRC (Drosophila Genetic Resource Consortium)
　→http://www.dgrc.jp/flystock/index_e.html
- JDD (日本ショウジョウバエデータベース)
　→http://www.drosophila.jp/jdd/

## 著者プロフィール

**山本雅敏**（Yamamoto Masa-Toshi）

　1978年，オーストラリア国立大学でPh.D.取得（Prof. JohnとDr. Miklos）．ショウジョウバエの細胞遺伝学と交配実験を主体とした減数分裂の研究を行った．その後 UCLA（Prof. Merriam）で，segmental aneuploidy とデータベースの研究．'80年から，国立遺伝学研究所で対合と組換えの研究を開始．宮崎医科大学（'87〜'93）では対合，性比，トランスポゾンの研究．京都工芸繊維大学（'94〜2012）では，精子形成，貯精，受精，プロテオミクス研究．'99年，ショウジョウバエ遺伝資源センターを京都工芸繊維大学に新設し，2004年から世界最大数の系統をナショナルバイオリソースプロジェクト（NBRP）で維持・提供して国際的中核機関となった．京都工芸繊維大学を退職後，国立遺伝学研究所，現在は，精子形成，休眠，プロテオミクス研究，低温適応と発生，データベースと教育研究支援に関心をもっている．恩師から教わった言葉 "Learn from exceptions" がMorganの伝統的教えであり，"Treasure your exceptions"（Bateson），"Analyse your exceptions"（Sturtevant）など脈々と諸先生方に受け継がれていたことを感謝している．また，この機会にショウジョウバエ遺伝資源センターの国際化の過程で多大な援助を頂いたProf. Mel GreenとProf. Thom Kaufmanにお礼を申し上げたい．

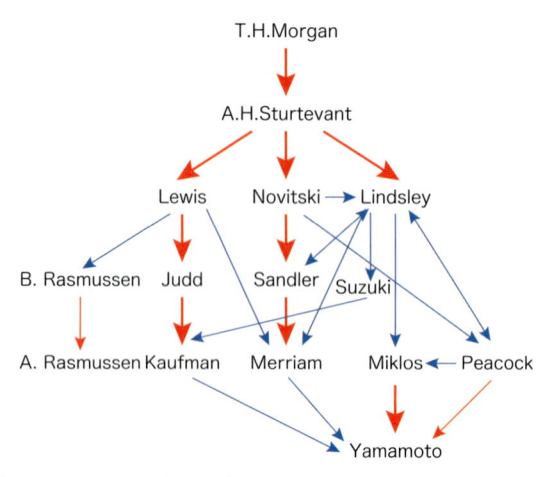

**恩師の系図（Lindsley作）**
赤矢印 → は師と学生の関係，青矢印 → はポスドクの関係を示している

## Column

### 赤い眼をしたショウジョウバエ―命名の歴史

　*Drosophila melanogaster* は英語でfruit fly, vinegar fly, あるいはpomace flyなどと呼ばれているが, 最近はfruit flyが一般的である. 一方, 和名のショウジョウバエがいつどのような経緯で文献に登場したのか疑問に思いつつも, 実際の記述にあまり接する機会がなかった. 以前古い文献のいくつかを調査し, 報告したが, もう少し詳しい情報をここに紹介する.

　一般にはコバエとかアカバエと呼ばれていた昆虫に"しやうじやうばい"と命名したのは松村松年で, 1906年の日本害虫目録に記載されている. これが命名の起源となっていると, 紹介されている例が多い. しかし, 1904年に"シャウジャウバエに就いて"というタイトルで, 名和愛吉による詳細な記述が「昆蟲世界第8巻」にすでに掲載されている. ともあれ, "しやうじやうばい"の学名は *Drosophila obscura* と記述されており, *melanogaster* ではなかった. 1925年になって, 栗崎眞澄は, 研究用に飼育していた"しやうじやうばい"と, 1922年に田中義麿がMorganから寄贈を受けた *melanogaster* とを比較して疑いをもち, Sturtevantに同定を依頼した. その結果, 遺伝学の研究で有名な *D. melanogaster* であると確認された(「九州帝国大学農学部学藝雑誌」). このときから和名は"シヤウジヤウバヘ"と記載されている.

　しかし, ショウジョウバエ研究の黎明期に日本独自といえる *Drosophila virilis* を用いた遺伝学研究を進めていた千野光茂は, fruit flyという英語名から果実蝿と呼ばれていたが, ウリミバエとの混乱が起こることで和名の必要を感じ, 古くからあるこの蝿の俗称をとって, 猩々蝿とすることにしたと記している(1940). そのなかで, "言海ではシヤウジヤウを赤褐色で酒を好む小さな蝿となっている"ということからもこれをとった, と説明がある. このように"言海"にも記載されていたことなどから, すでに用いられていた俗称であったと思われる. 遺伝学の研究報告に最初に和名で登場するのは, 千野の「日本産猩々蝿の遺伝学的研究」であり(千野光茂：動物学雑誌, 30：472-476, 1927), その後 *D. virilis* をクロシヤウジヤウバヘと命名している(千野光茂：遺伝学雑誌, 4：117-131, 1927). キイロショウジョウバエの命名者は不明だが, クロショウジョウバエの和名を参考にして体色が黄色いことから名付けられたようである. ちなみに, *D. melanogaster* の研究成果を日本人で最初に発表した1926年の駒井 卓の論文は脚の形態形成に異常を引き起こす遺伝子の突然変異に関するもので, 英文で報告されており, 和名は明らかではない (Komai, T.：Genetics, 11：280-293, 1926). 1939年ごろまでショウジョウバエと呼ばれていたようである.

# 5

## ヒトに近縁な半透明の生き物
# カタユウレイボヤ
――脊索動物の生命現象のゲノム科学的解明をめざして

佐藤矩行（沖縄科学技術大学院大学マリンゲノミックスユニット）

プラスチックシャーレーに付着させ
保持・提供されているカタユウレイボヤ

**5** カタユウレイボヤ

# 脊椎動物に最も近い無脊椎動物

　発生生物学におけるウニ，生殖生物学や細胞生物学におけるヒトデ，神経生物学におけるイカやウミウシ，再生生物学におけるプラナリアなど，無脊椎動物はそれぞれの特徴を活かしつつ数多くの研究に使われている．ホヤの成体は岩などに付着して育つ海産無脊椎動物であるが，変態前のオタマジャクシ幼生の尾部に脊索を有することから尾索動物と呼ばれ，われわれヒトを含む脊椎動物に最も近縁な脊索動物でもある．ホヤのなかで特にカタユウレイボヤ（*Ciona intestinalis*）は，その160 Mbpほどのゲノムが解読されて以来，脊索動物の生命現象をゲノム科学的に解明しようとする研究におけるモデル動物として注目されている．

# ゲノム解読の完了と系統作製技術の確立

## 1 生物的特徴

　現在まで2,500種以上におよぶホヤが記載されている．成体は雌雄同体で，入水口から取り込んだ海水を出水口から吐き出す間に，海水中に含まれる微生物などを摂取して生活している．ホヤは脊椎動物に最も近縁な無脊椎動物という系統学的位置にもかかわらず，脊椎動物とは異なる多様な生命現象を示す．例えば，成体を包む被嚢には動物性セ

### ● カタユウレイボヤ 〜 *Ciona intestinalis* 〜

| 和名 | カタユウレイボヤ |
|---|---|
| 分類 | 脊索動物門 尾索動物亜門 ホヤ綱 腸性目 ユウレイボヤ科 |
| 分布 | 日本，北米，ヨーロッパ |
| 生息環境 | 沿岸の岩，港のブイ，ロープなどに付着 |
| 体重・体長 | 5〜10 cm |
| 寿命 | 3〜5カ月 |
| 主食 | 微生物，ケイ藻 |
| リソースの提供 | 京都大学大学院理学研究科動物学教室発生ゲノム科学研究室など |

55

ルロースが含まれる．ホヤのセルロース合成酵素遺伝子はシングルコピーであり，セルロースの合成・分解機構の解明に適する．またイタボヤなどは無性生殖によって群体を形成することから，幹細胞の分化や老化の研究に適する．さらに海水の100万倍のバナジウムを濃縮するホヤもおり，有機錯体の濃縮機構の研究も進んでいる．また，マボヤは日本や韓国で食用とされている．

## 2 発生生物学における研究史とゲノムの解読

　ホヤが古くから研究されている分野が発生生物学である．マボヤは卵の大きさ，胚の透明なことなどから細胞系譜の追跡や胚操作実験によく使われている．一方，カタユウレイボヤは日本，北米，ヨーロッパなどに広く分布し，さまざまなテーマで世界中の研究者に使われている．ホヤ卵は左右相称卵割を行い，囊胚，神経胚，尾芽胚を経て，カタユウレイボヤでは受精後18時間という速さでオタマジャクシ型幼生になる．この幼生は脊索と背側神経管を有し，最も単純かつ基本的な脊索動物の体制を表す．にもかかわらず，その構成細胞数はわずか2,600個ほどである．さらに，40個の細胞からなる脊索，36個の細胞からなる筋肉など，胚細胞の系譜はほぼ完全に記載されている．発生運命の決定が発生のごく初期に起こる典型的なモザイク的発生を行うことから，細胞分化の分子メカニズムに関する研究が進んでいる．

　こうした特徴を活かしつつ発生の分子メカニズムを統合的に解明するために，カタユウレイボヤのゲノムの解読が強く望まれてきた．そしてついに，2002年末に動物では7番目という早さでそのゲノムが解読された[1]．カタユウレイボヤのゲノムは約160 Mbp，そこに約15,600個のタンパク質をコードする遺伝子が存在する[2]．約120 kbに1遺伝子のヒトゲノムと比べて，約7.5 kbに1個の遺伝子が存在するという圧倒的にコンパクトなゲノム組成である．また，尾索動物の独特な進化と関連していくつかの遺伝子を失ってはいるが，脊椎動物でみられる2回のゲノムワイドな遺伝子重複の起こる前の，脊索動物に基本的な転写因子やシグナル分子をコード

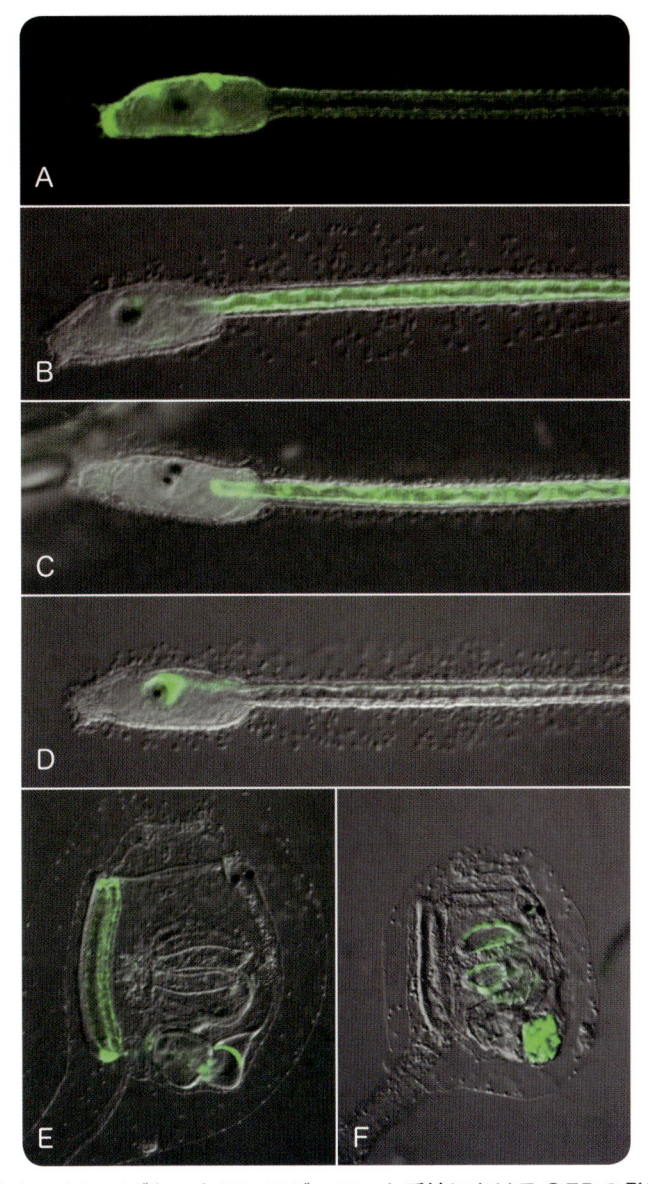

**図1 ● カタユウレイボヤ・トランスジェニック系統におけるGFPの発現**
幼生の表皮（A），筋肉（B），脊索（C），中枢神経系（D）で特異的にGFPを発現させるトランスジェニック系統．幼若体/成体の内柱（E）や鰓（F）などで特異的にGFPを発現させるトランスジェニック系統（筑波大学笹倉靖徳准教授より提供）

する遺伝子の1セットをもつ．特に699個存在する転写因子遺伝子は正確に同定され，またその時間的・空間的発現パターンが記載されている[3]．

加えてゲノム解読プロジェクトと並行して行われた大規模なEST/cDNAプロジェクトによって，カタユウレイボヤは無脊椎動物のなかでは最もcDNAリソースの整った生物の1つとなっている．発生の速さに加えて，モルフォリノ・オリゴを使った遺伝子の機能阻害実験を比較的容易に行えることや，レポーター遺伝子をエレクトロポレーションによって導入できることなどから，発生の遺伝子制御ネットワークの解析が進んでいる．同様に，さまざまな生命現象に関するゲノムワイドな解析も急速に進みだしている．

## 3 遺伝学的研究手法の導入

カタユウレイボヤは成体になるまでに要する月日が約3カ月と短く，また雌雄同体であるうえに，人為的に自家受精が可能なので，雌雄異体の生物に比べて1世代早くF2でホモ変異体を得ることができる．また，筑波大学の笹倉靖徳らの努力により，*Minos*トランスポゾンを利用したトランスジェニック系統作製技術が確立している[4]．そしてすでに，この技術を利用し，幼生や成体の組織特異的にGFPなどの蛍光タンパク質を発現するマーカー系統が作製されている．さらに*Minos*の挿入を利用して遺伝子を破壊した突然変異体作製法や，エンハンサートラップ法が導入されている．特にエンハンサートラップ法による遺伝子の発現解析は，カタユウレイボヤがコンパクトなゲノムをもつことから効率よく進めることが可能である．また転移酵素を発現させた系と，トランスポゾン挿入をもつ系を掛け合わせることにより大量にエンハンサートラップ系が作製できるシステムが完成しており，この系によりさまざまなマーカー系統が作製されている（図1）．

## 4 注文を受けすぐにユーザーへ提供

2014年現在，カタユウレイボヤのリソースプロジェクトが京都大学，筑波大学，東京大学を中心に進められている．

図2● カタユウレイボヤの実際の飼育状況（A）と京都大学舞鶴水産実験所の飼育現場（B）〔京都大学平山和子氏（故）より提供〕

　京都大学と東京大学では主としてに野生型・近交系の維持と提供を行っている．2週間に1回ホヤを受精させ，発生した幼生を直径9cmのプラスチックシャーレに付着させる．2～3週間餌を与えながら幼若体の発生を観察し，そのなかから最も健康な幼若体を12～15匹/シャーレになるように整える．それを舞鶴の水産実験所の浮き桟橋を借りて海中に吊るして飼育する（図2）．さまざまな発育段階のホヤが，通常数千匹飼育されている．このようにして2～3カ月後に成熟した成体を得て，ユーザーに提供している．

　一方，筑波大学では，すでに述べたカタユウレイボヤのトランスジェニック系統のリソース管理を行っている．系統についてはウェブページCITRESにおいて紹介しているので参照していただきたい[5]．

# ゲノム情報を活かした転写制御ネットワークの研究

　前述したように，ホヤは脊索動物としての基本的生命現象をより単純な形で示し，またそのゲノムがコンパクトである．そして，ドラフトゲノム

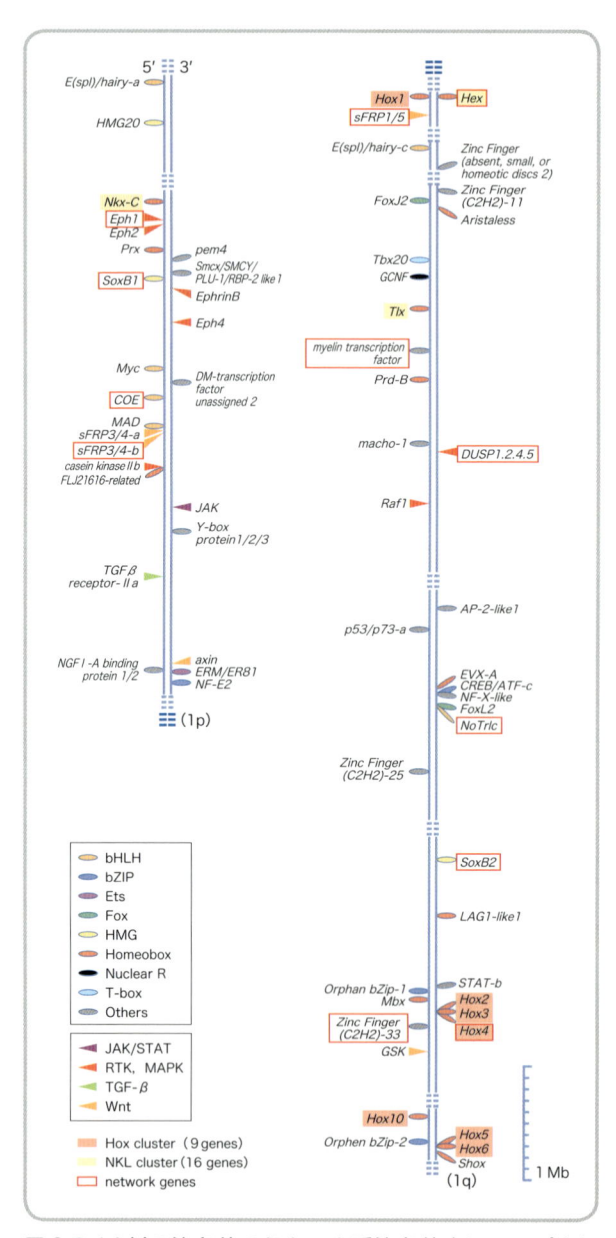

図3 ● 14対の染色体のうち，1番染色体上にマップされた主要転写因子遺伝子およびシグナル分子遺伝子
（文献7より引用）

の解析後，転写因子やシグナル分子が正確に同定されているので，さまざまな生命現象を支える遺伝子の転写制御ネットワークの解明が進んでいる．例えば，初期発生における細胞の発生運命の決定は110細胞期までに起こるが，受精後この発生段階までにザイゴティックに発現する76個の転写因子＋シグナル分子が3,000以上の要素からなるネットワークを形成しつつ働くことが明らかになっている[6]．

さらに，そのゲノム情報の約85％が14対の染色体にマップされており，特に図3に示すように，主要な転写因子遺伝子およびシグナル分子遺伝子のほぼすべての染色体上での位置が正確に示されている[7]．したがって，これらの情報を駆使すれば，前述の初期発生における細胞の発生運命の決定に関する転写ネットワークのゲノムワイドかつ染色体レベルでの統合的解析が可能である．また同様に，統合的な中枢神経系形成とその相関的機能の解析，新規チャネル分子の機能の解析，神経ペプチドの機能の解析，環境応答機構のゲノムワイドな解析などが可能であり，今後のホヤを活用した研究の進展が期待されている．

### 引用文献・URL
1) Dehal, P. et al.：Science, 298：2157-2167, 2002
2) Satou, Y. et al.：Genome Biol., 9：R152, 2008
3) Ghost Database
　→http://ghost.zool.kyoto-u.ac.jp/cgi-bin/gb2/gbrowse/kh/
4) Sasakura, Y. et al.：Proc. Natl. Acad. Sci. USA, 100：7726-7730, 2003
5) CITRES（Ciona Intestinalis Transgenic line RESources）
　→http://marinebio.nbrp.jp/ciona/
6) Imai, K. et al.：Science, 312：1183-1187, 2006
7) Shoguchi, E. et al.：Dev. Biol., 316：498-509, 2008

### 参考文献
- 『ホヤの生物学』（佐藤矩行／編），東京大学出版会，1998
- 笹倉靖徳 他：細胞工学，25：1460-1461, 2006
- Joly, J. S. et al.：Dev. Dyn., 236：1832-1840, 2007
- Satoh, N.：Developmentol Genomics of Ascidians. Wiley-Brackwell, 2013

### 著者プロフィール

**佐藤矩行（Noriyuki Satoh）**

1973年9月，東京大学大学院理学系研究科動物学専攻博士課程中退．メダカの性分化に関する実験発生学的研究で学位（理学）取得．同年10月に京都大学理学部動物学教室助手として採用され，'77年ごろからホヤの発生学的研究をはじめる．協同研究者とともにホヤの研究系に分子生物学的研究手法や発生遺伝学的研究手法を導入するなどして，ホヤを発生生物学のモデル実験系に高める．2002年に日米の共同研究でカタユウレイボヤのゲノムを解読．大量のEST情報とともに，この動物を脊索動物の生命現象のゲノム科学的解析のモデル生物に押し上げる．2009年4月より現職．現在，ホヤの利点を睨んださらなる研究を推進中．

# Column

## モデル動物のゲノム

　カタユウレイボヤがモデル動物として確立されたのはつい最近のことである．それは何といっても2002年にそのゲノムが解読されたからである．ところで，1998年に動物としてはじめて解読されたC．エレガンス（第3章参照）のゲノムは約100 Mbp，続いて2000年に解読されたショウジョウバエ（第4章参照）は約140 Mbp，そしてカタユウレイボヤが160 Mbp．当初，無脊椎動物のゲノムサイズは一般にこの程度と考えられていたが，その後ウニ，ミツバチ，イソギンチャク（ネマトステラ）などのゲノムが解読されてみると，無脊椎動物のゲノムサイズは500〜800 Mbpというのが普通であり，それに比べるといわゆる分子生物学的研究に用いられるモデル動物のゲノムサイズが非常に小さいことがわかる．しかもおしなべて世代時間が短い．こうしたことがモデル動物をモデル動物たらしめる基本的特徴なのかもしれない．

# 6

## 雑草からの華麗な転身
# シロイヌナズナ
―国際協調とゲノム研究が育んだ
　スーパーモデル植物

小林正智（理化学研究所バイオリソースセンター）

**開花期のシロイヌナズナ Columbia 株**
標準系統の Columbia 株はロゼットから花茎を伸ばし，発芽後約 1 カ月で開花する．
早ければ発芽後 2 カ月で次世代の種子を採種できる

## 出自は雑草

　読者のなかに，モデル植物シロイヌナズナの英語名を知る人はほとんどいないのではないだろうか．シロイヌナズナの情報センター，TAIR (The Arabidopsis Information Resource，米国) のホームページではwall cressやmouse-ear cressを一般名 (common name) としているが，いずれも馴染みの少ない言葉であり，研究者も属名の*Arabidopsis*を一般名として使う場合がほとんどである．このことからもわかるように，つい最近までシロイヌナズナは数ある雑草のなかの1つに過ぎず，ほとんど無名の存在であった．ところが今では世界の数千の研究室がシロイヌナズナを使い，その研究成果がしばしば新聞にも掲載されている．無名の植物がなぜモデル植物としてもてはやされるようになったのか，その軌跡をたどってみる (**表**)．

### ● シロイヌナズナ 〜 *Arabidopsis thaliana* (L.) Heynh. 〜

| 和名 | シロイヌナズナ |
|---|---|
| 分類 | 被子植物門 双子葉植物綱 フウチョウソウ目 アブラナ科 |
| 分布 | ユーラシア大陸 ほか |
| 生息環境 | 温帯〜亜寒帯の草地 ほか |
| 寿命 | 野外では1年生または越年生 |
| 草丈 | 野外では20〜30 cm |

| 特徴 | 自家和合，乾燥，低温，塩など環境ストレスに強い |
|---|---|
| 種子の数 | 実験室では1個体あたり数千粒程度 |
| 染色体数 | 5本 |
| ゲノムサイズ | 135 Mb |
| 遺伝子数 | 27,416個 (タンパク質をコードする遺伝子，TAIRによる) |

**6 シロイヌナズナ**

**表● シロイヌナズナの研究史**

| 西暦 | イベント |
|---|---|
| 1842 | Heynhold が *Arabidopsis thaliana* (L.) Heynh. と命名 |
| 1943 | Laibach が遺伝学研究モデルとしての利点を報告 |
| 1964 | AIS から最初の Newsletter 発刊 |
| 1965 | 第1回 ICAR（ゲッティンゲン） |
| 1976 | 第2回 ICAR（フランクフルト） |
| 1983 | 詳細な染色体地図の報告 |
| 1988 | 第3回 ICAR（イーストランシング） |
| 1990 | 第4回 ICAR（ウィーン）<br>シロイヌナズナの国際ゲノムプロジェクト開始（図3）<br>第1回シロイヌナズナワークショップ（基礎生物学研究所） |
| 1991 | リソースセンター（ABRC，NASC）の設立<br>ABC モデルの論文発表 |
| 1993 | 高効率の形質転換法の報告 |
| 2000 | ゲノム塩基配列の解読終了 |
| 2001 | *Arabidopsis* 2010 Project 開始<br>理研 BRC 設立 |
| 2008 | 日本シロイヌナズナ研究推進委員会発足 |
| 2010 | 第21回 ICAR を横浜で開催 |

AIS：Arabidopsis Information Service, ICAR：International Conference on Arabidopsis Research, ABRC：Arabidopsis Biological Resource Center, NASC：Notting ham Arabidopsis Stock Center, 理研 BRC：理化学研究所バイオリソースセンター

# スーパーモデル植物への道

## 1 モデル植物シロイヌナズナの誕生

　もともとシロイヌナズナは個体サイズが小さく室内環境でも生育し生活環が短いなど，モデル生物に必要となる基本条件を備えていた（図1，2）．しかし20世紀半ばまで無名であったシロイヌナズナが世に出るためには多くの研究者の努力が必要であった．まずバイオリソースとしてのシロイヌナズナの普及にはドイツのAIS（Arabidopsis Information Service）が取

**図1 ● シロイヌナズナの室内栽培風景**
室内環境でも育ち高密度で栽培できるシロイヌナズナは世界中で使用されている

り組んだ．AISのKranzは1980年代を中心に突然変異系統や野生系統を収集し，求めに応じて研究者に種子を配布している．またAISはNewsletterを発行して研究や技術の情報発信にも貢献した．一方，シロイヌナズナ研究コミュニティの拡大にはICAR (International Conference on Arabidopsis Research) の果たした役割が大きい．記録によれば最初のICARは1965年にドイツで開催されているが，定期的に開催されるようになるのは1990年代以降である．当時，形質転換技術の確立により個体レベルでの遺伝子機能の解明が急速に進み出していた．さらに1991年にはMeyerowitzらがシロイヌナズナの変異体の研究をもとに，花器官の形成機構を説明するABCモデルを提唱し，モデルとしてのシロイヌナズナが注目を浴びるきっかけをつくった．これら最新の研究成果や技術をコミュニティに広め

**図2 ● 芽生えたばかりのシロイヌナズナ**
個体が際立って小さいことがシロイヌナズナの特徴の1つである．これは大規模なスクリーニングにきわめて有利である

る場として重要な役割を果たしたのがICARである．そしてこのような研究環境が植物ホルモンの生合成・シグナル伝達機構の解明をはじめとする画期的な成果につながってゆく．

## 2 ゲノム解読プロジェクトの開始と分子生物学の隆盛

1990年にシロイヌナズナのゲノム全塩基配列を決定することを目的とした国際プロジェクトが開始されたが（**図3**），シークエンサーの能力が低かったこともあり，しばらくは利用可能なゲノム情報は限られていた．一方，新たなリソースとしてT-DNAタグラインやトランスポゾンタグラインの作製がはじまり，数千〜数万系統のなかから興味深い表現型をもつ系統をスクリーニングして遺伝子単離をめざす順遺伝学的な研究手法が大き

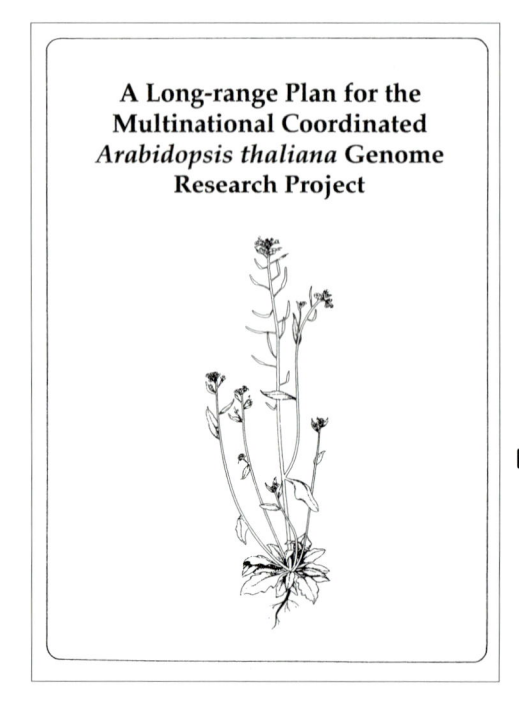

**図3● シロイヌナズナの国際ゲノム研究プロジェクトに関する1990年のレポート**
全ゲノム塩基配列の解読を10年間で完了することやリソースセンターと情報センターを整備することなどがうたわれている（文献1より転載）

く発展した．これらの系統ではタグに使われたDNAの配列情報を利用したPCRにより短期間にゲノムの隣接配列情報を得ることができる．すなわち放射線や化学物質を用いて作製された変異体と比べ，遺伝子の単離に必要な時間の大幅な短縮がもたらされた．特筆すべきことは，これらのリソースを保存，提供するリソースセンターとしてABRC（Arabidopsis Biological Resource Center，米国）と，NASC（Nottingham Arabidopsis Stock Centre，英国）が設立されたことである．これらのリソースセンターに，AISが管理していた変異体系統も含め，さまざまなリソースが研究社会の共有財産として委譲されたことが，シロイヌナズナ研究のさらなる発展をもたらした．なお，わが国では宮城教育大学の後藤伸治がAISの種子を譲り受けて配布を行っていたが，現在は理化学研究所バイオリソースセンター（理研BRC）がその活動を引き継いでいる．

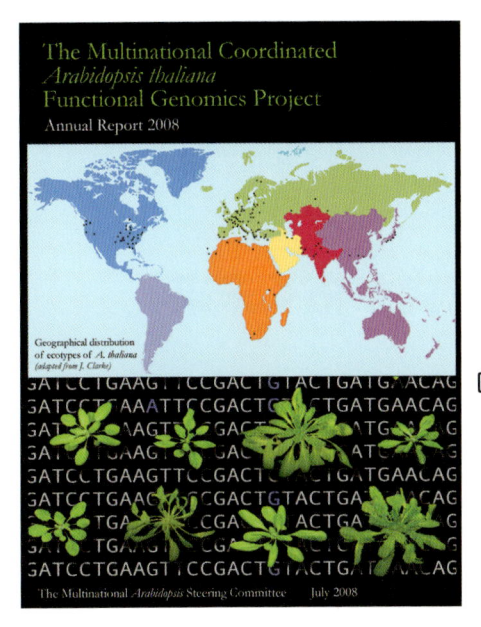

**図4 ● 国際シロイヌナズナ研究推進委員会が作成した2008年度報告書の表紙**
毎年2010年Projectの進行状況が冊子により報告されていた．2008年度の報告書には，シロイヌナズナ野生系統の原産地が図示された（文献2より転載）

### 3 ゲノムリソース全盛期の到来

　2000年12月，ついにシロイヌナズナのゲノム全塩基配列の解読終了がNature誌に発表された．高等植物初の快挙であり，このことがさらに多くの研究者をシロイヌナズナに呼び寄せることになる．そしてシロイヌナズナの全遺伝子機能の解明を目標とした2010年Projectが国際協力のもと開始された（図4）．目標達成のため配列から機能に遡る逆遺伝学的解析手法が多く使われ，その効率的な推進を支援する目的で遺伝子破壊系統や完全長cDNAなどのゲノムリソースが各国で作出された．現時点でシロイヌナズナの全遺伝子の95％以上については遺伝子破壊系統が，70％以上については完全長cDNAが整備済みである．そしてこれらのリソースもまた日米欧のリソースセンターから世界各地に提供されている．また2010年Projectにより明らかにされた遺伝子機能情報はTAIRに集められ，ゲノム情報，リソース情報と併せてデータベース化されている．

　これまで述べてきたように，国際協調によりリソース，情報，技術を利

用しやすい環境が整備されてきたことが，シロイヌナズナをスーパーモデル植物に押し上げた真の理由であろう．そしてシロイヌナズナが一介の雑草であったからこそ応用的な価値にとらわれず活発にリソース・情報のやりとりが研究者間で行われ，優れた研究が生まれる土壌となったのである．

## シロイヌナズナ研究が拓く未来

　シロイヌナズナの2010年Projectは2010年に終了した．この節目の年に横浜を会場として開催されたICARでは，エピゲノムやメタボロームなど最先端の研究発表に留まらず，作物研究との連携が重要なテーマとして討議された．今まさに世界は食料，エネルギー，環境の問題に直面しており，植物研究の貢献が求められている．そしてシロイヌナズナで蓄えられたリソース，情報，技術は問題解決の鍵となる可能性を秘めている．われわれが調べた限り，少なくともハクサイなどアブラナ科の作物はDNAレベルでシロイヌナズナと共通性が高く，例えば病虫害の防除法の開発にシロイヌナズナが貢献できそうである．小さな雑草からスーパーモデル植物に登りつめたシロイヌナズナが，今度は人類の未来を拓く重要な役割を担うことになる．その活躍に期待したい．

**引用文献・URL**

1) 『A Long-range Plan for the Multinational Coordinated *Arabidopsis thaliana* Genome Research Project』（Editor：Joanna D. Friesner），Multinational Arabidopsis Steering Committee, 1990,
　→http://www.arabidopsis.org/portals/masc/Long_range_plan_1990.pdf
2) 『The Multinational Coordinated *Arabidopsis thaliana* Functional Genomics Project Annual Report』（Editor：Joanna D. Friesner），Multinational Arabidopsis Steering Committee, 2008
　→http://www.arabidopsis.org/portals/masc/2008_MASC_Report.pdf

## 参考文献・URL

- 『The Arabidopsis Book』(founded by Chris Somerville & Elliot Meyerowitz), American Society of Plant Biologist
  → http://www.thearabidopsisbook.org/
- 『Arabidopsis: A Laboratory Manual』(Detlef Weigel & Jane Glazebrook), Cold Spring Harbor Laboratory Press, 2002
- 『機能解析の進むシロイヌナズナ遺伝子』(篠崎一雄／企画), 植物細胞工学, Vo. 6 No. 3, 1994
- 『変わる植物学広がる植物学―モデル植物の誕生』(塚谷裕一／著), 東京大学出版会, 2006
- 『植物を考える―ハーバード教授とシロイヌナズナの365日』(Nicholas Harberd／著, 塚谷裕一, 南沢直子／訳), 八坂書房, 2009
- TAIR (The Arabidopsis Information Resource)
  → http://www.arabidopsis.org/
- ABRC (Arabidopsis Biological Resource Center)
  → http://abrc.osu.edu/
- NASC (Nottingham Arabidopsis Stock Centre)
  → http://www.arabidopsis.info/
- RIKEN BRC実験植物開発室
  → http://epd.brc.riken.jp

## 著者プロフィール

### 小林正智 (Masatomo Kobayashi)

　1981年, 東京大学農学部農芸化学科を卒業. 大学院の研究テーマはイネのジベレリン生合成経路の解明. '85年, 理化学研究所に就職し, '90～'92年まで米国UCLAに留学. 留学先ではじめてシロイヌナズナを実験に使用するも, 自身の研究対象としたのは '97年に理化学研究所筑波ライフサイエンス研究センターの篠崎一雄博士の研究グループに参加してからとなった. 2001年に理化学研究所バイオリソースセンターが設立されるとともに実験植物開発室長に就任し, 翌年発足したナショナルバイオリソースプロジェクト (NBRP) においてシロイヌナズナ／植物培養細胞・遺伝子の課題を推進. 現在はモデル植物リソースの収集・保存・提供事業とともに, シロイヌナズナのリソース・技術・情報を作物研究に活用する試みも行っている.

# Column

## 標準系統 Columbia の由来

　現在，Columbia（Col）とよばれる系統がシロイヌナズナの標準系統として世界各地で使われている．リソースのカタログでは野生型（wild-type）や生態型（Ecotype）として扱われるため野性系統と勘違いしやすいが，由来はミズーリ大学コロンビア校でLandsberg株（欧州産のEcotype）から選抜された実験系統である．その後ゲノム塩基配列の解読プロジェクトにCol株が使われたことから，多くの変異体や形質転換体がCol株をもとに作製された．しかし最近では分子マーカーを使った解析によりCol株のなかに多型が存在することが示唆されており，リソースセンターのカタログにも複数のCol系統が存在する．ゲノム科学の進歩とともに，どうやら標準系統の定義も変えてゆかねばならないようである．

# 7

*Saccharomyces cerevisiae*
*Schizosaccharomyces pombe*

## 何千年も前から人類とともに
# 酵母
## ──システムとして動く生命体の提示をめざして

下田　親（大阪市立大学大学院理学研究科）

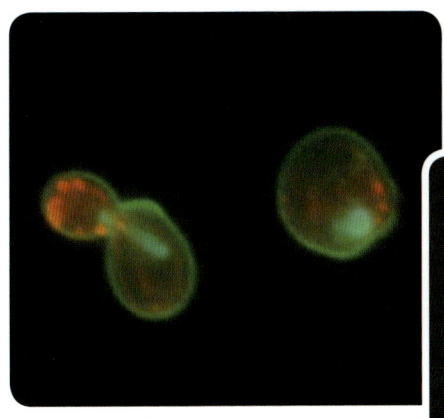

**出芽酵母の栄養細胞**
細胞壁（緑），核（青），アクチン（赤）
（東京大学大矢禎一教授より提供）

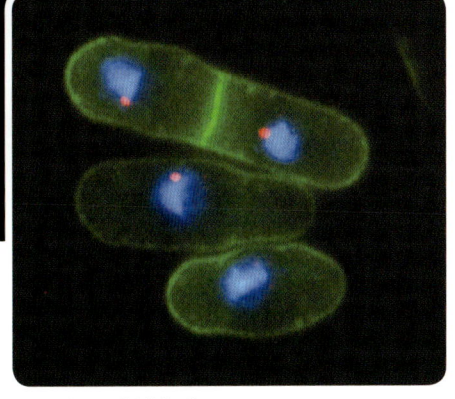

**分裂酵母の栄養細胞**
細胞膜（緑），核（青），中心体（赤）
（京都大学中瀬由起子博士より提供）

# 人々の暮らしと文化に密着してきた酵母

　酵母ほど身近な微生物はない．紀元前7,000年ごろにはすでにワイン醸造が行われていた証拠がある．以来，連綿と醸造の主役として，人々の暮らしと文化に密着してきた．英語のyeast（ドイツ語ではHefe）の訳語として考案された「酵母」という術語は「アルコール発酵の母胎」という意味であろう．自然界では植物や昆虫とともに生き，土壌，淡水など地球上にあまねく存在する．酵母は単細胞世代を有する菌類の総称で，子嚢菌門，担子菌門に分類され約1,000種が知られている．そのなかでモデル実験生物として重要な種は出芽により増殖する*Saccharomyces cerevisiae*と，二分裂で増える*Schizosaccharomyces pombe*である．この2種の酵母が真核生物のモデルとして選ばれた大きな理由は，遺伝学的な解析技術が洗練の極みに達していたことにある．1930年代半ばにはじまった酵母の遺伝学研究を，その源流までさかのぼり，併せて実験室酵母の系譜をたどろう．

## ● 出芽酵母
### ~ *Saccharomyces cerevisiae* ~

| | |
|---|---|
| 和名 | 出芽酵母 |
| 分類 | 子嚢菌門 サッカロミケス亜門<br>サッカロミケス綱<br>サッカロミケス目<br>サッカロミケス科 |
| 細胞分裂様式 | 出芽 |
| 染色体数 | 16本（一倍体） |
| 細胞の大きさ | 体積（70～120 $\mu m^3$），湿重量（60～80 pg） |
| 生息環境 | 植物（樹液，果実など），動物（消化器など），土壌，淡水，海水，大気 |
| 分布 | 世界中 |

## ● 分裂酵母
### ~ *Schizosaccharomyces pombe* ~

| | |
|---|---|
| 和名 | 分裂酵母 |
| 分類 | 子嚢菌門 タフリナ菌亜門<br>シキゾサッカロミケス綱<br>シキゾサッカロミケス目<br>シキゾサッカロミケス科 |
| 細胞分裂様式 | 二分裂 |
| 染色体数 | 3本（一倍体） |
| 細胞の大きさ | 同左 |
| 生息環境 | 同左 |
| 分布 | 同左 |

# 1930年代の純粋培養の成功から 2001年のノーベル賞まで

## 1 酵母遺伝学の黎明期

### 1）コペンハーゲンから世界へ

　コペンハーゲンには世界有数のビール醸造所がある．その醸造所の名を冠したカールスベルグ研究所こそ，酵母遺伝学発祥の地である．1930年代，カールスベルグ研究所でWingeはHansen（酵母の純粋培養に成功）が単離した株を用いて，酵母が有性生殖により一倍体と二倍体を交互に繰り返すことを示した．彼らはマイクロマニピュレーターの助けを借りて子嚢に含まれる4個の胞子を分離するいわゆる四分子解析法を開発した．後年，この技法により作製された酵母遺伝子のリンケージ地図は俯瞰図としてゲノム計画を支えた．

### 2）ホモタリズム株とヘテロタリズム株の違い

　単一の胞子の子孫が自動的に二倍体化するのをホモタリズム株という．ホモタリズム系統の*S. chevalieri*（現在では*S. cerevisiae*に分類）を*S. cerevisiae*のヘテロタリズム株（二倍体化に他家接合が必要）と交配し，ホモタリズムを決定する遺伝子*D*（現在の*HO*遺伝子と考えられる）を発見したのもWingeの功績である．ホモタリズム現象は，後に大きな研究分野に発展した（**本章コラム**参照）．

　やや遅れ，南イリノイ大学（米国，カーボンデール）で酵母遺伝学をはじめたLindegrenは，*S. cerevisiae*のヘテロタリズム株を発見し，接合型をa型，α型と命名した．ヘテロタリズム株を用いることにより集団交配法が可能になり，職人芸的な顕微操作による交雑法は必要なくなった．Lindegrenはスウェーデンからの移民二世で奇しくもWingeと同じく北欧にルーツをもつわけだ．彼は自らの研究だけでなく酵母遺伝学の普及にも尽力し，標準株EM93とそれに由来するa型とα型の一倍体株を希望する研究者に配布した．また今に続く国際酵母遺伝学ミーティングの第1回

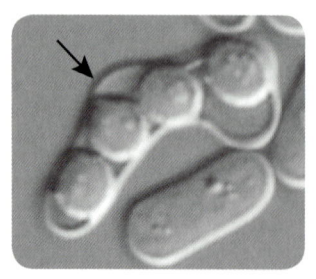

**図1 ● 分裂酵母の子嚢（矢印 →）**
一倍体の子嚢胞子を4個包み込んでいる．子嚢の長径は約20μm

(1961) をカーボンデールで開催した．このときの参加者はわずか11名であり，1,000名を越える参加者がある現在と比べ昔日の感がする．

## 2 個人の力で確立された分裂酵母（*Sz. pombe*）の遺伝学

　分裂酵母の遺伝学もカールスベルグ研究所にはじまる．学生であったLeupoldは1946年にWingeの門をたたき，彼から*Sz. pombe*が遺伝学に適した酵母であることを教わる．*Sz. pombe*は1893年にLindnerにより東アフリカの雑穀ビール（スワヒリ語で"Pombe"）から単離された．ちなみに*cerevisiae*という種小名はビールを意味するゲーリック語の"kerevigia"に起源をもつらしい．*Sz. pombe*は二分裂で増えることに加え，一倍体で栄養増殖すること，4個の胞子が子嚢のなかで一列に並ぶことなどの特徴をもつ（**図1**）．チューリッヒ，ベルン（いずれもスイス）で研究を続けたLeupoldはほとんど独力で*Sz. pombe*の遺伝学を確立した．彼が用いたL968株は，1924年にOsterwalderによりブドウ汁から分離されデルフト（オランダ）で保存されていた株に由来する．このホモタリズム株からL972（h⁻）とL975（h⁺）のヘテロタリズム株が単離され，以後ほとんどの突然変異株がこれらの株から取られた．こうして実験室*Sz. pombe*は均質な遺伝的背景をもつにいたる．

　分裂酵母（シキゾサッカロミケス属）には4種が分類されている（**表**）．*Sz. japonicus*は学名が示すように日本で単離されたもので，*Sz. octosporus*とともに8胞子の子嚢をつくる．シキゾサッカロミケス属は子嚢菌類の共

**表 ● シキゾサッカロミケス属の種と変種**

| 種 | 変種 |
|---|---|
| ・*Schizosaccharomyces japonicus* | ・*Schizosaccharomyces japonicus* Yukawa et Maki var. *japonicus* |
| | ・*Schizosaccharomyces japonicus* Yukawa et Maki var. *versatilis* |
| | ・*Schizosaccharomyces japonicus* Yukawa et Maki var. *longobardus* |
| ・*Schizosaccharomyces octosporus* | |
| ・*Schizosaccharomyces cryophilus* | |
| ・*Schizosaccharomyces pombe* | ・*Schizosaccharomyces pombe* Lindner var. *malidevorans* |
| | ・*Schizosaccharomyces pombe* Lindner var. *pombe* |

（文献1と文献2を元に作成）

通祖先から最も初期に分岐したグループに属すると考えられ，サッカロミケス属とは系統進化的にそれほど近縁ではない．

## 3 サッカロミケス属の実験室株の複雑な系譜

実験室 *S. cerevisiae* 株は，種々の実用酵母の交雑により成立したため，複雑な遺伝的背景をもつ．厳密な野生型が存在しないが，S288C，W303，A364Aなどが代表的な標準株である．実験モデルとしてどの株を使うべきか悩ましいことがある．例えば，ゲノム計画の対象株であるS288Cはヘム合成に関係する *HAP1* 遺伝子に変異をもつためミトコンドリア遺伝学には適さない．また，減数分裂や胞子形成の研究には胞子形成率が高いSK1株が好んで使われる．系譜が不明な株も少なくないが，S288CはLindegrenまでさかのぼって交雑の歴史が明らかになっている．EM93をもとにパン酵母，ビール酵母などが交雑された複雑な成立の様子を**図2**でご覧いただきたい．現在では野生酵母と実験室酵母を包括した系統図が一塩基多型などをもとに作製されている．

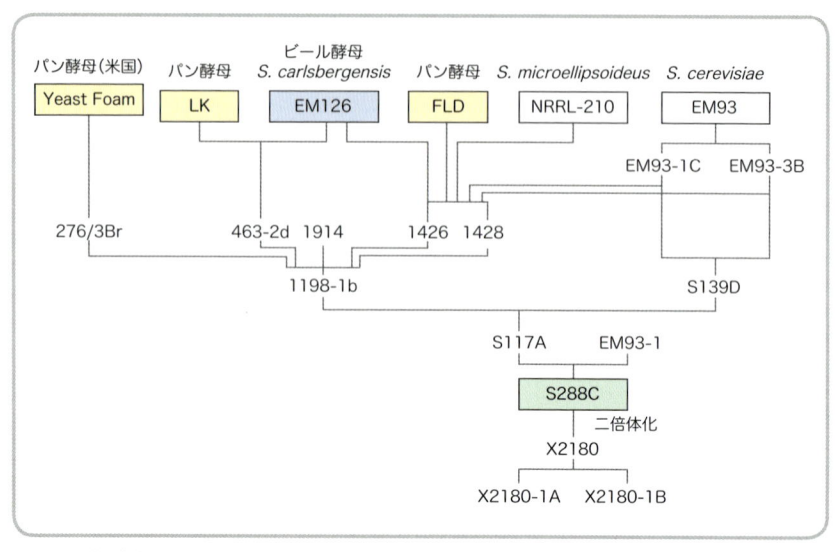

図2 ● 実験室サッカロミケス属の複雑な系譜—S288Cの場合
（文献3を元に作成）

## 4 酵母遺伝学の到達点—細胞周期概念の確立

　2001年のノーベル生理学・医学賞は2人の酵母研究者（HartwellとNurse）に与えられた．Hartwellはワシントン大学（米国，シアトル）で出芽酵母 *S. cerevisiae* を用いて，細胞周期の特定のステージで停止する多数の温度感受性変異株を単離した．彼は変異株の形質，優劣関係，エピスタシス（遺伝子座間の相互作用）関係を注意深く検討し，細胞周期進行の裏に潜む制御システムを予言した．一方で，英国エディンバラ大学のMitchison研究室は分裂酵母 *Sz. pombe* の細胞周期研究の拠点であった．その伝統を受け継ぐNurseはG2期からM期への移行に注目して，中心プレーヤーであるCdc2キナーゼを発見した．Cdc2による制御は真核生物に普遍的な存在であることが判明し，他の実験生物を用いる研究者にも酵母遺伝学の威力を強く印象づけた．細胞周期変異株の成功に刺激され，特定の現象について網羅的に酵母の突然変異体を集めて解析する手法が広がっ

た．その真の成果は組換えDNA時代に花開くことになる．

## ゲノム解読後の酵母研究の深化と広がり

### 1 リソース情報の共有化

　1996年にすべての真核モデル生物に先駆けて S. cerevisiae のゲノムが解読された．2002年には Sz. pombe のゲノム計画も完了し，2つの酵母はそろってポストゲノム時代へ突入する．ゲノム配列決定に続きさまざまなオミックス解析が行われ，得られた情報の多くがインターネット上で公開されている．分裂酵母の情報取得はまず英国ケンブリッジ大学などの協力で運営されているPomBase[4]に，また出芽酵母については米国スタンフォード大学のSGD[5]にアクセスすることからはじめるとよい．個別生命過程の研究はゲノム情報を得てますます加速するだろう．また，遺伝子破壊株セット，遺伝子GFP融合株セット，全ORF挿入プラスミドセットなど膨大なリソースが生み出されており，確実な保存と配布システムの構築が急務である．わが国のナショナルバイオリソースプロジェクトへの期待も大きい．前記セットの多くはNBRP Yeastのホームページ[6]から入手可能である．

### 2 酵母研究の究極的勝利をめざして

　サッカロミケス属の複雑な系譜にゲノム科学の光を当てた最近の研究によると，S. cerevisiae の進化が，酒造りなどの人類の活動と切り離せないことが明白に示された．シキゾサッカロミケス属でも Sz. pombe 以外の種のゲノム計画が進行しており，比較ゲノム解析もはじまった．酵母というモデル生物をその成立の歴史を含め，丸ごと理解する視点が重要だという認識も広がっている．また，酵母は「性の生物学的意義」などの進化生物学上の大問題に実験的な手法でアプローチできる生物としても貢献している．

　ここ10年あまりの酵母研究の深化と広がりを眺めると，「生命体がシス

テムとして動いていること」を実体として提示できる一歩手前まできている気さえする．この酵母研究の究極的勝利の時が遠からずくることを期待したい．

**引用文献・URL**
1) Sipiczki, M.：『The Molecular Biology of *Schizosaccharomyces pombe*』(Egel, R. ed.), pp431–443, Springer, 2004
2) Helston, R. M. et al.：FEMS Yeast Res., 10：779–786, 2010
3) Mortimer, R. K. & Johnston, J. R.：Genetics, 113：35–43, 1986
4) PomBase
　→http://www.pombase.org/
5) SGD（The Saccharomyces Genome Database）
　→http://www.yeastgenome.org/
6) NBRP Yeast（National BioResource Project-Yeast）
　→http://yeast.lab.nig.ac.jp/nig/index_en.html

**参考文献**
- 『The Early Days of Yeast Genetics』(Michael N. Hall & Patrick Linder ed.), Cold Spring Harbor Laboratory Press, 1993
- 『The molecular and Cellular Biology of the Yeast *Saccharomyces*. Vol. 1～3』(John R. Pringle et al. ed.), Cold Spring Harbor Laboratory Press, 1997
- 『The Molecular Biology of *Schizosaccharomyces pombe*』(Richard Egel ed.), Springer, 2004
- 『酵母のすべて』(大隅良典，下田 親／編)，シュプリンガー・ジャパン，2006

## 著者プロフィール

**下田　親**（Chikashi Shimoda）

　1971年，大阪市立大学大学院後期博士課程修了．卒業研究から一貫して酵母の遺伝学，分子生物学，細胞生物学の研究に携わる．海外留学期間を除き，ずっと大阪市立大学に勤務し，退職後も特任教授としてバイオリソースプロジェクトなど酵母との関係が切れない．大阪市立大学とのつながりは学生時代から実に50年におよび，大学がある住吉区杉本町，あびこ界隈に知人多数．主なテーマは分裂酵母の接合，胞子形成など有性生殖のメカニズム解明．酵母との研究上のかかわりも45年を超えた．現在の興味は酵母の性特異性を人為的に改変し，自然界には存在しない新しい接合ペアをつくり出すこと．性の特異性の遺伝的な変化が生殖隔離と種分化のきっかけになるとの仮説の証明に到達しつつある．

# Column

## 動く遺伝子を発見した日本人研究者

　Wingeの発見したホモタリズム株では胞子が発芽したのち接合型がaからα へ，αからaへと転換し，異なる接合型の細胞間で接合し二倍体化する．この接合型転換は表現型レベルでなく，遺伝子レベルでの変化である．

　Lindegren研究室でのポスドクから帰国した大嶋泰治は，この興味深い現象に取り組み古典遺伝学を駆使して大筋を解明した．面白いのは，あえて突然変異株を取るのではなく，異なるホモタリズム表現型を示す*S. oviformis*（シェリー酒酵母），*S. norvensis*，*S. diastaticus*（いずれも現在は*S. cerevisiae*に含まれる）を用いたことである．対象種の選択がいかに重要であるかを物語るエピソードである．

　大嶋らはa，α接合型情報は*HMR*と*HML*遺伝子座に発現しない状態で保持されており，発現可能な*MAT*遺伝子座にコピーされることにより接合型が変わるというControlling elementモデルを提唱した（図①）．決め手となったのは*HMR*，*HML*遺伝子座のアレルが共優性であることの意味に気付いたことである．

　組換えDNA時代になって，大嶋のモデルは完全に正しいことが証明された．この酵母の成果はトウモロコシで動く遺伝子トランスポゾンを発見したかのMcClintockをノーベル賞に押し上げる原動力になったともいわれている．

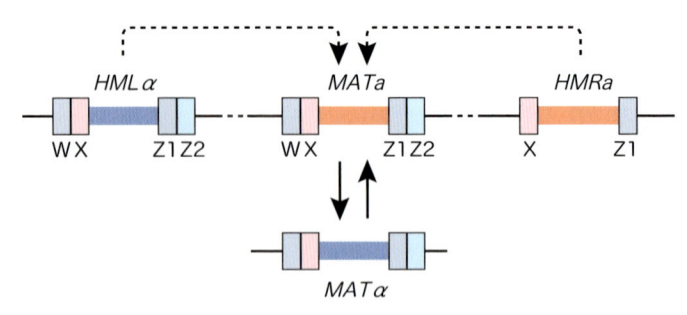

**図①● *S. cerevisiae* の接合型変換モデル**
*HML α*のコピーが*MATa*に転移すると接合型はa型からα型に変換する．次に，*HMRa*から転移が起こると接合型はα型からa型に変換する．X，W，Z1，Z2は相同DNA配列

# 8

*Rattus norvegicus*

## 大黒様とともに福をもたらす
# ラット
## ─国際的プロジェクトが進行中

芹川忠夫（京都大学／大阪薬科大学）

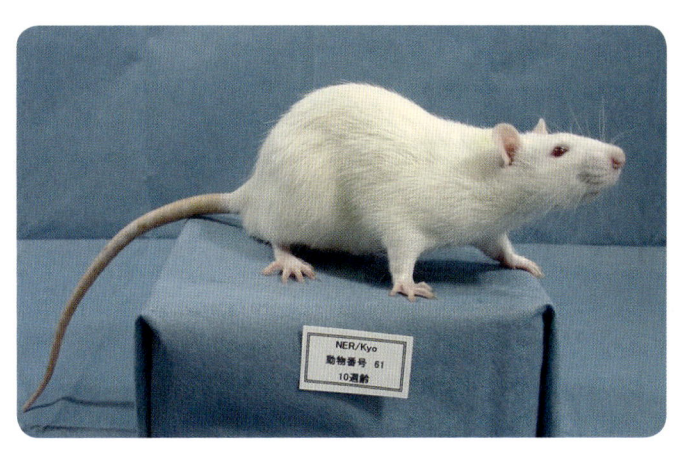

**自発性の強直間代発作を自然発症する"てんかん"のモデルラット（NER/Kyo系統）**
Wistarラットに起源をもち，選抜育種法により確立された近交系である．脳に器質的病変は見出されないが，2〜3カ月以内に，すべての個体に発作が観察される．遺伝解析により複数の原因遺伝子の探索が行われている（NBRP-Ratのホームページより転載）

# 実験用ラット

　ラットはヒトに慣れやすくマウス（**第1章**参照）よりも大きなサイズであるので，外科的処置を伴う実験や生体試料の採取に利点がある．遺伝的に均一な近交系ラット，ヘテロな集団であるクローズドコロニーのラット，自然発症ミュータントラット，および選抜育種によって開発された疾患モデルラットなど，数多くの系統があり，微生物的環境を含めて環境要因を厳格に統御した研究や試験をデザインすることができる．最近，ノックアウトラットを含む遺伝子改変ラットが作製できるようになり，ラットは遺伝子機能研究や医薬品の開発研究などにますます有用な実験動物となっている．

## ● ラット ～ *Rattus norvegicus* ～

| 和名 | ドブネズミ（溝鼠），ダイコクネズミ（大黒鼠），ラッテ，ラット |
|---|---|
| 英語名 | Brown rat，Norway rat，Norwegian rat などとも呼ばれる |
| 分類 | 脊椎動物門 哺乳綱 齧歯目 ネズミ科 クマネズミ属 |
| 分布 | ほぼ世界中に生息 |
| 生息環境 | 住宅や畜舎の周辺，溝や下水の傍 |
| 体重 | 系統差が大きく，10週齢のオスの平均値は140〜420 g，メスの平均値は100〜250 gである |

| 体長 | オスの体長は35.5〜44 cm，そのうち尾長15.5〜21 cm，メスの体長は31.5〜38 cm，そのうち尾長14.2〜18.5 cm（尾が体よりも短い），耳はクマネズミに比べて小さい |
|---|---|
| 寿命 | 2.5〜3年 |
| リソースの提供先（URL） | NBRP-Rat (http://www.anim.med.kyoto-u.ac.jp/NBR/) |

# 8 ラット

# ドブネズミが世界に広がって実験室で系統化された

## 1 ラットの起源

　一般的にラットはクマネズミとドブネズミの総称であるが，実験用ラット *Rattus norvegicus* はドブネズミを実験動物化したものである．クマネズミには，核型の異なるオセアニア型（2n＝38），セイロン型（2n＝40），アジア型（2n＝42）などがあり，ドブネズミ（2n＝42）はミトコンドリアDNAの解析などからアジア型のクマネズミに由来すると考えられている．

　クマネズミはインドの北部から中国の西南部に，ドブネズミはこれよりも北方，カスピ海とロシアのトボリスクの間辺りに起源をもつと推定されている．ヨーロッパへは，クマネズミは12〜13世紀ごろに十字軍とともにパレスチナ地方から侵入したといわれている．またドブネズミは1716年にロシアの軍艦がコペンハーゲンに運んだのが最初ともいわれ，露英貿易がはじまるとともに1728〜'30年に英国にも侵入したと伝えられている．また，一方には，1727年に泳ぎの得意なドブネズミがボルガ川を渡り，そのデルタ地帯にあるアストラカン地方に侵入し，後に，ヨーロッパに侵入したと伝えられている．アメリカ大陸には，クマネズミが16世紀の初頭に，ドブネズミは'75年までには侵入していたようである．

## 2 実験用ラットの誕生

　ドブネズミ（聞こえの悪い名前で好かないが）が実験用生物として使われはじめたのは，19世紀初頭に英国やフランスで流行していたラットとイヌを使った悪趣味の賭けごとに関係がありそうだと想像されている．これは，囲いのなかに入れた，100〜200匹のたくさんのラット（ドブネズミとクマネズミがともに含まれていたであろう）をイヌが噛み殺す時間を賭けるというものである．この賭けごとに必要であったラットは繁殖したであろうし，その過程でアルビノなどの毛色が異なるラットがみつかり，比

較的温順なドブネズミがペットや実験用に利用されるにいたったというストーリーだ．

## 3 ラット研究の歴史と系統開発

　ヨーロッパにおいては，1850年ごろまでにラットはすでに栄養学の研究に用いられており（絶食実験への利用，1828年），1856年には，Philipeauxによるアルビノラットにおける副腎除去の影響に関する研究がフランスで発表されている[1]．米国では，1890年代から研究にラットが用いられ，シカゴ大学から後にウィスター研究所に移されたDonaldson研究室の日本人研究者，畑井新喜司らの神経解剖学的研究がある．当初，彼らはアルビノではないいわゆるNorwayラット（原産国でもないのに，なぜ，Norwayという名が付けられているかは，諸説があるが不確かである）を使用していたが，スイスの神経病理学者Meyerがヨーロッパからはじめて米国にアルビノラットを導入して，彼の薦めにより，それを利用するようになった．

　Donaldsonと畑井らがシカゴ大学から米国フィラデルフィアのウィスター研究所に赴任後，1906年から有名なWistarラットの繁殖コロニーがつくられた（図1）．たぶん，そのアルビノラットは，Meyerがヨーロッパからもち込んだラットに由来するものと推定されるが，畑井は1912年にScience誌に研究室のNorwayラットに生じたアルビノミュータントを紹介していることもあり，その由来は定かではない．

　その後，ウィスター研究所のみならず，米国の大学や研究機関において，多くのラット系統が開発された．1940年以降には，米国から日本に，Wistarラット，Sprague-Dawleyラット，およびLong-Evansラットといったクローズドコロニーあるいはアウトブレッドストックに属するラットが導入され，わが国において，これらに由来する近交系ラットや，高血圧，糖尿病，てんかんなど，数多くのヒト疾患モデルラットが選抜育種の方法で開発されてきた（83ページの写真参照）．

　1903年に出版された五島清太郎著の動物解剖実習の指導書，『実験動物

**図1 ● King女史とWistarラット**
King女史は，ウィスター研究所において，1906〜1940年の間，Wistarラットとして知られる最初の標準系統のラットを開発生産することに貢献したばかりでなく，ゲノム解読に用いられた近交系のBN（Brown Norway）系統を作製したことで知られる（Courtesy of The Wistar Institute, Wistar Archive Collections, Philadelphia, PA）

学』の第2巻に「志ろねづみ」の部があることから，ウィスター研究所のWistarラットコロニーが設立される以前に，前述の輸入ラットの系譜とは別の「しろねずみ」が日本において使われていたことは確かである．その序には，「普通飼養スル所ノ志ろねづみハくまねづみノ白種ト褐色くまねづみ若クハ灰色ねずみトノ雑種ナルガ如シ野生ノ鼠ハぺすと病ヲ媒介スルノ虞アルガ故ニ可成用ヒザルヲ佳トスねずみハ瓶ノ中ニ入レテ数滴ノくろゝほるむヲ注入シテ密閉スル時ハ数分ニシテ麻酔スベシ又解剖用ニハ健全ナル鼠ヲ用ヒテ病鼠ヲ避クベシ（原文どおり）」と書かれている．これらのラットの由来については不明であるが，江戸時代から愛玩用に飼育されていた鼠が使われていた可能性がある（**本章コラム**参照）．

### 4 アルビノラット系統は1頭のシロネズミに由来する

　最近，われわれは既存の172系統の実験用ラットの系譜と毛色について調査をした[2]．驚いたことに，すべてのアルビノラット（117系統）はチロシナーゼ遺伝子に同じ型のミスセンス変異（Arg299His）をもっていた．また，すべての頭巾斑ラット（28系統）はKit遺伝子に同じ型のレトロトランスポゾンの挿入変異があった．さらに驚いたことには，すべてのアルビノラット系統には頭巾斑ラット（28系統）にみつけられたのと同じ型のKit遺伝子変異が隠されていた．最近の遺伝子編集技術により，このチロシナーゼ遺伝子の1塩基変異がアルビノ形質を生じさせていること，およびKit遺伝子におけるこの挿入変異が頭巾斑を生じさせていることが証明されている（Yoshimi, K. et al. 論文投稿中）．ようするに，既存の実験用アルビノラット（チロシナーゼ遺伝子とKit遺伝子のダブルミュータント）は頭巾斑ラットに生じた1頭のシロネズミ，あるいは頭巾斑ラットとの交配から選抜された1頭のシロネズミに由来していると推察された．

## リソースの整備と国際共同プロジェクト

　実験用ラット系統の収集・保存・提供を担うナショナルバイオリソースプロジェクト「ラット」（NBRP-Rat）[3]が2002年に発足した．中核機関である京都大学医学研究科附属動物実験施設では，現在，600系統を超えるラット系統を生体維持あるいは胚・精子にて超低温保存している．また，主要な200系統については，体重，機能観察総合評価，自発運動量，受動的回避学習，血圧，心拍数，体温，血液生化学検査，血液学的検査，尿量，尿中電解質，臓器重量といった基礎データを統一的に測定した．そして，遺伝多型マーカーのプロファイルとともに，ホームページから検索しやすいデータベースにして公開している（NBRP-Rat）[3,4]．遺伝解析用のツールとして有用なFXLEとLEXFラットリコンビナント近交系（34系統のセット）については，SSLPとSNP多型マーカーによるSDP（strain distribution

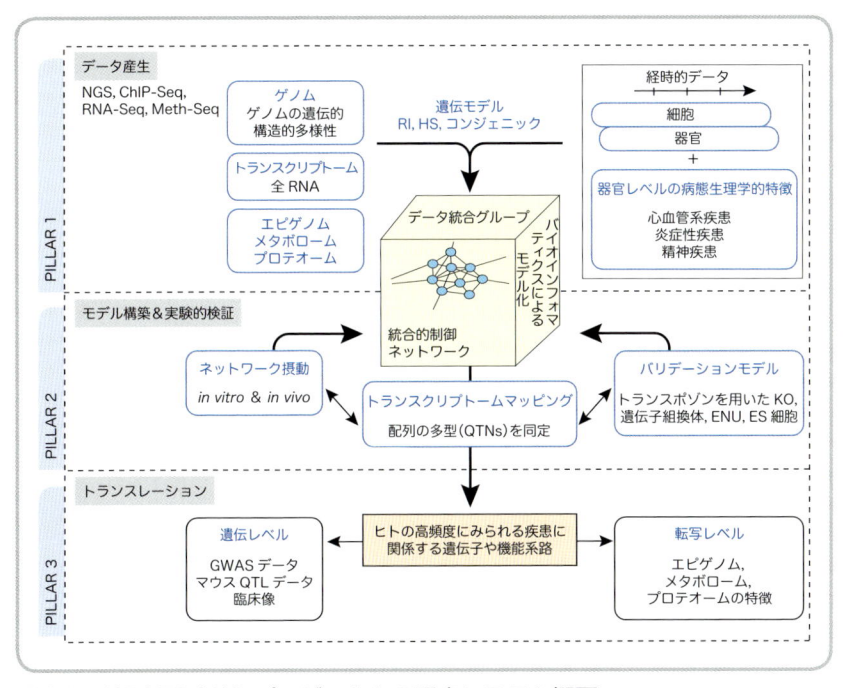

**図2● EURATRANS プロジェクトの研究システム概要**
　心血管系疾患，炎症性疾患および精神疾患に関係するラットモデルを選択して，その主要な機能経路を同定するための多層的な研究アプローチを提案しており，得られた成果は，ヒトの高頻度にみられる疾患のさらなる理解につながると期待されている

pattern）を拡充するとともに，親系統F344/StmとLE/Stm系統のBACクローンを作製して，両端配列にもとづくそのゲノム位置情報をゲノムブラウザーにより公開している．希望されるクローンの提供体制も整えられている．

　さらに最近，特定の遺伝子の発現を高めるトランスジェニックラットに加えて，遺伝子変異ラットや遺伝子ノックアウトラットが作製できるようになり，遺伝子機能の解析や新たな疾患モデルの開発を目的とした遺伝子変異ラットが作製されている．これには，ENUを変異原とするKyoto University Rat Mutant Archive（遺伝子変異をもつ10,000のG1ラットのゲノムDNAと凍結精子のセット）を用いる方法や，特異的なゲノムDNAと

部位特異的に結合するZinc-fingerドメインとヌクレアーゼの融合タンパク質を用いたZFN法，あるいはTALEN法やCRISPR/Cas9法といった新しいゲノム編集技術によるものがある．

ヨーロッパにおいては，第6次フレームワークプロジェクト（FP6）におけるEURAToolsと名付けられた総合的ラットプロジェクトの成功に続いて，FP7においても，次期ラットプロジェクトEURATRANS（European large-scale functional genomics in the rat for translational research）が提案され，2009年に採択されたことが報じられた．これには，ドイツ，英国，オランダ，スウェーデン，フランス，チェコの6カ国の14の研究機関と，EU外から日本のわれわれのグループと米国のウィスコンシン医科大学のグループが参画している．ヒトの炎症性疾患，心血管系疾患，代謝疾患および精神疾患を理解することを目的にして，主要な機能経路を同定するためのモデルシステムとしてラットを駆使した国際共同研究が2010年4月から開始されている（図2）．そのラット研究の成果には，若年者の突然死の原因として重要な左心室肥大にかかわる遺伝子の同定とその制御のしくみの解明[5]や，高血圧や糖尿病のモデルラットを含む27系統のラットの全ゲノムの網羅的比較解析[6]などがある．

このように，医学・生物学研究においてますますその存在感が高まる，ラットの今後の活躍に期待したい．

**引用文献・URL**
1) Philipeaux, M.：Compt. Rend, Hebd. Seances Acad. Sci., 43：904-906, 1856
2) Kuramoto, T. et al.：PLoS One, 7：e43059, 2012
3) NBRP-Rat（The National BioResource Project for the Rat in Japan）
   → http://www.anim.med.kyoto-u.ac.jp/NBR/Defanlt_jp.aspx
4) Serikawa, T. et al.：Exp. Anim., 58：333-341, 2009
5) McDermott-Roe, C. et al.：Nature, 478：114-118, 2011
6) Atanur, S. S. et al.：Cell, 154：691-703, 2013

**参考文献**
- 『The laboratory rat（The handbook of experimental animals）』（Georg J. Krinke, ed.），Academic Press, 2000

# 8 ラット

- 『Genetics of the Norway rat』(Roy Robinson, ed.), Pergamon Press, 1965
- 『The laboratory rat (2nd ed.)』(Mark A. Suckow, et al. ed.), Academic Press, 2005
- 『The behavior of the laboratory rat (a handbook with tests)』(Ian Q. Whishaw & Bryan Kolb, ed.), Oxford University Press, 2005

## 著者プロフィール

### 芹川忠夫 (Tadao Serikawa)

　1972年に大阪府立大学農学部獣医学科を卒業後, 京都大学大学院医学研究科附属動物実験施設にて助手, 助教授, 教授, 施設長として動物実験施設の運営, 実験動物学の教育, ならびにラットの研究基盤の拡充や疾患モデルの開発解析応用研究などを行ってきた.

　この間, 1990〜'91年にパスツール研究所に留学, 社団法人日本実験動物学会理事長 (2006〜'09年度), 関西実験動物研究会の会長 (1985〜2013年度), ナショナルバイオリソース「ラット」の課題管理者 (2002〜'11年度) を担った.

　'13年3月に定年退職して名誉教授の称号を授与された後, 京都大学研究員 (EURATRANS) ならびに大阪薬科大学招聘教授として研究を継続している. ラットの力を借りて難題の"てんかん"の攻略を成し遂げたい.

# Column

## 伏見人形に伝わる愛玩用ラット

　伏見人形の窯元，丹嘉（たんか）を訪れて，ご主人の七代目大西時夫さんに，なぜ，伏見人形の鼠に斑文様があるのかを尋ねてみた．図①は，裸の大黒様とのツーショット．愛らしく，大黒様に信頼しきって抱かれているこの鼠は，まさに大黒様の使わしめというか，ペットのように懐いているようにみえる．大西さんは，この土型は百年以上も前のものがいまだに使われており，着色されている斑の形や大きさの違いはともあれ，昔からの伝承であると答えられた．鼠の飼育繁殖の指南書『養鼠玉のかけはし』（安永4年，1775年発刊）や『珍玩鼠育草』（天明7年，1787年発刊）をみると，江戸時代には，京都や大阪には鼠の愛好家がいて，鼠ショップまであったようだ．大阪の医師，寺島良安は，正徳2年（1712年）に，わが国最初の絵入り百科事典『和漢三才図会』を発刊している．その第39巻の鼠類には，大黒天の使わしめと注釈された「しろねずみ」がすでに登場している．伏見人形は，日本の土人形の源流として知られ，往時の風俗や伝説などを人形に表現したものがほとんどであるといわれる．やはり，伏見人形の鼠は，江戸時代にペットとして親しまれていた鼠を描いたものなのだろう．その鼠たちの末裔が実験用ラットの形成にかかわっているかは不明だが，大切に扱って福をもたらしたいものだ．

**図①●伏見人形の大黒様と白地に斑のある鼠**
ほかにも大黒様の膝下に座っているのや，赤トウガラシの上に乗ったのがある（伏見人形の窯元，丹嘉製）

# 9 あらゆる生き物のお腹のなかに
# 原核生物
## ―2大モデル微生物：大腸菌と枯草菌

仁木宏典（情報・システム研究機構国立遺伝学研究所 系統生物研究センター）

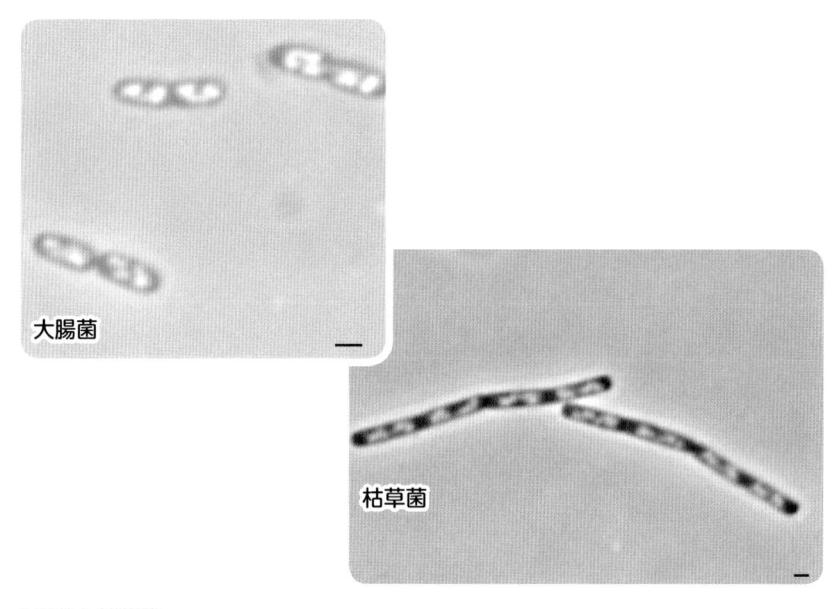

**大腸菌と枯草菌**
ゼラチンに包埋した菌株の位相差顕微鏡写真．細胞内のDNAが屈折率の関係で白くみえる（スケールバー＝1μm）

# ライフサイエンスの基盤リソース

　生命現象を理解するのに最も身近なモデル生物は，私たち自身，ヒトだろう．2番目には，大腸菌（*Escherichia coli*），枯草菌（*Bacillus subtilis*）をあげたい．健康な私たちの体には，体細胞よりも数多い微生物が共存している．そのほとんがバクテリア（真正細菌）である．大腸菌はその名のとおり，腸内に棲む細菌である．また，枯草菌の一種としては納豆菌が知られているが，それを納豆として，毎朝多くの人が食している．こんなに身近な大腸菌，枯草菌だが，20世紀の前半から微生物遺伝学の研究対象として突然変異体の分離や，組換え，形質転換などの遺伝現象の理解に多大な貢献を果たしてきた．その過程で生まれてきた知見は，DNA組換え法として現在のライフサイエンス研究の基盤技術となっている．さらにゲノム研究から生まれてきた新しい微生物リソースが，今また活躍しはじめている．

## ● 大腸菌
### ～ *Escherichia coli* ～

| 和名 | 大腸菌 |
|---|---|
| 分類 | 真正細菌，γ-プロテオバクテリア綱 |
| グラム染色 | 陰性 |
| 形態 | 桿菌 |
| 生育環境 | 高等生物の腸内 |
| 生活環 | 栄養増殖による2分裂 |
| 世代時間 | 約20分 |
| 有用性 | 組換えDNA |

## ● 枯草菌
### ～ *Bacillus subtilis* ～

| 和名 | 枯草菌，納豆菌 |
|---|---|
| 分類 | 真正細菌，バチラス綱 |
| グラム染色 | 陽性 |
| 形態 | 桿菌 |
| 生育環境 | 土壌 |
| 生活環 | 栄養増殖と胞子形成 |
| 世代時間 | 約20分 |
| 有用性 | 産業応用，納豆生産 |

# 分子生物学とともに歩んできた歴史

## 1 アカパンカビからバクテリアへ

　20世紀初頭，ショウジョウバエ（**第4章**参照）を使ったMorganグループの研究から，遺伝する物質（今日の遺伝子）が染色体に存在することがわかった．また，その遺伝子を人為的に変化させる，すなわち，突然変異の誘発ができることもわかった．Morganのもとでポスドク研究を行っていたBeadleは，Tatumとともにアカパンカビ（*Neurospora crassa*）を使って，ビタミンやアミノ酸を生育に必要とするようになった突然変異体の分離を行う．本実験で彼らは，糖と塩類で生育できるアカパンカビにX線を照射し，突然変異を誘発し，数多くの栄養要求性突然変異体を探し出し，1遺伝子-1酵素説を生み出す．しかし，この説の確立にはアカパンカビだけでなく大腸菌や枯草菌を使った実験も貢献している．

## 2 バクテリアの栄養要求性突然変異体に使われた菌株

　バクテリアは，アカパンカビより簡単に培養できる利点があった．Tatumが1940年代にスタンフォード大学で栄養要求性突然変異体の分離に使用した大腸菌が，現在の実験大腸菌株のもととなっているK-12株である（**図1**）．K-12株は，その他の大腸菌株とともにスタンフォード大学の実習用に保管されていたもので，1922年にジフテリア患者から分離し保存されていたものである．この株は幸運なことに接合可能な株（稔性）で，次に述べる性的な掛け合わせができたのである．ヒトから分離されたK-12株ではあるが，長い研究室での保存の過程のためか，細胞表層にある糖抗原のO抗原やN抗原を失い，またバイオフィルムの形成能も失っており，ヒト体内での増殖はできない．そのため，K-12株がヒトに無害な菌として，組換え体の宿主として安心して使用できるのである．

　一方，枯草菌の実験系統は168株由来で，この株は1832年にEhrenbergによって記載された*Bacillus subtilis*のタイプ標本である通称Marburg株

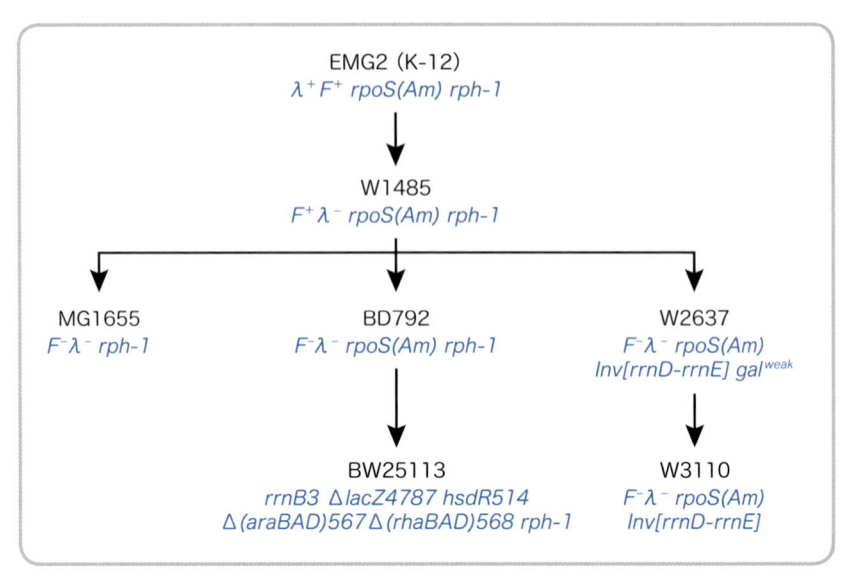

```
                    EMG2 (K-12)
                    λ⁺ F⁺ rpoS(Am) rph-1
                         │
                         ▼
                       W1485
                    F⁺ λ⁻ rpoS(Am) rph-1
          ┌──────────────┼──────────────┐
          ▼              ▼              ▼
       MG1655         BD792          W2637
       F⁻ λ⁻ rph-1    F⁻ λ⁻ rpoS(Am) rph-1   F⁻ λ⁻ rpoS(Am)
                                      Inv[rrnD-rrnE] gal^weak
                         │              │
                         ▼              ▼
                      BW25113         W3110
                   rrnB3 ΔlacZ4787 hsdR514    F⁻ λ⁻ rpoS(Am)
                   Δ(araBAD)567 Δ(rhaBAD)568 rph-1   Inv[rrnD-rrnE]
```

**図1 ● 大腸菌の系統関係図**
実験室で使われている大腸菌株はK-12株からX線やUV照射により突然変異の誘発，導入を受けてきた．K-12株はファージλの溶原性株で，性決定因子Fをもっていたため稔性を有していた．MG1655株は米国で，W3110株は日本でゲノム配列が決められた．BW25113株は遺伝子破壊株コレクション（KEIOコレクション）の親株である．それぞれの株の遺伝子型を青字で示した

（ATCC6051）から分離されたことになっている．168株はイェール大学のBurkholderとGiles Jr.によって分離されたトリプトファン要求性突然変異体から世界へ広がった．

### 3 細菌での性的な組換え現象の発見

遺伝学において，雄と雌の掛け合わせ実験は遺伝子の相対的な位置関係や系統の作製方法として有用である．有性生殖する細胞では当然なこの現象が，細菌でもみつかったのである．1947年，当時22歳のLederbergはTatumのもとで，大腸菌の掛け合わせができ遺伝的な組換えが起こることを見出し学会へデビューする．'52年には，この現象が大腸菌の2つの性，雄と雌の間で起こる接合であることを見出す．性的な組換え現象の研究は，

Jacobらに引き継がれ，大腸菌の染色体地図の作成が続けられるとともに，オペロン説の誕生へとつながっていく．

### 4 遺伝子の組換えから組換えDNAへ

その後，性的接合だけでなく，ファージを介した遺伝子の導入の発見や，形質転換体の作製が行われるようになる．さらにファージやプラスミドの外来遺伝子の研究から薬剤耐性遺伝子がみつけられる．ファージ感染の際の，外来遺伝子の認識機構から制限酵素が，またDNA複製の研究からDNAリガーゼやDNAポリメラーゼなどが生化学的に精製される．一連の成果が融合し，試験管内でDNAを制限酵素で処理し，薬剤耐性遺伝子をもったプラスミドにDNAリガーゼでつなげて，大腸菌へ形質転換するという組換えDNAの技術が確立する．そうして，使いやすい組換えDNAの宿主-ベクター系として大腸菌が普及して現在にいたっている．枯草菌でも，発現ベクターが開発されている．枯草菌は数100 kbのDNAを取り込むことができる特異な形質転換能力をもっており，この点ではユニークな組換えDNAの技術が慶應義塾大学の板谷らにより開発されている．

## ゲノム時代の網羅的で体系的なリソースの整備

### 1 ゲノムDNAの塩基配列の解読

Tatumらが栄養要求性突然変異体の分離をはじめてから50年以上，Lederbergらの開発したレプリカ法による条件依存性の致死突然変異体の分離なども普及し，多くの大腸菌や枯草菌の突然変異体が分離され，論文として報告されている．これらの菌株は米国ではイェール大学のColi Genetic Stock Center[1]で保存，分譲され，国内では国立遺伝学研究所の微生物保存センターで保存，分譲されてきた．個別の研究から作製された変異体が中心であった大腸菌のリソースもゲノム配列が解明されてから，

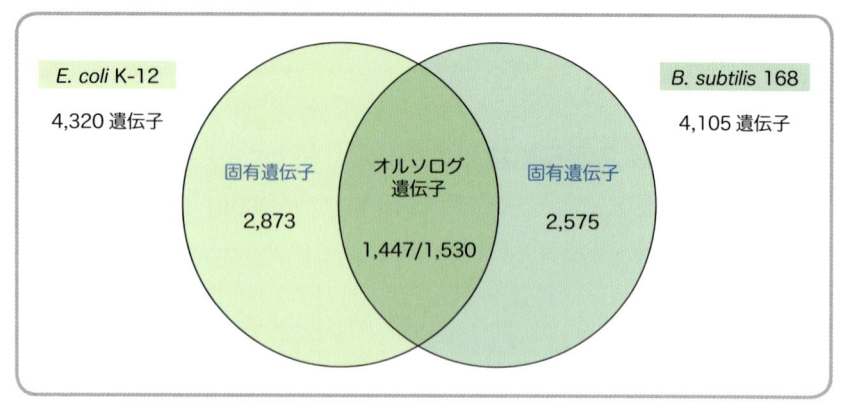

```
     E. coli K-12                              B. subtilis 168
      4,320 遺伝子                              4,105 遺伝子

            固有遺伝子      オルソログ      固有遺伝子
                          遺伝子
              2,873                          2,575
                        1,447/1,530
```

**図2 ● 大腸菌と枯草菌の遺伝子の比較**
予測遺伝子数は確定していないが，どちらのバクテリアも4,000あまりの遺伝子が予想される．そのうち共通祖先型遺伝子に由来するオルソログ遺伝子は大腸菌では1,447遺伝子，枯草菌では1,530遺伝子が予想された．枯草菌の遺伝子が多いのは，重複遺伝子があるためである．固有の遺伝子は2,500以上あり，バクテリアの遺伝子の多様性を示している

その質を大きく変えることになる．

## 2 網羅的で体系的なリソース

　ゲノム情報から，大腸菌や枯草菌の染色体上でタンパク質をコードしている遺伝子をすべて予測することができる（**図2**）．そのすべての遺伝子を欠失させ，どの遺伝子が生育に必要であるか，また，どの程度の遺伝子が最小限必要であるかなど，ゲノムを構成する遺伝子に関する興味が湧いてくるのも当然である．奈良先端科学技術大学院大学の森研究室では，大腸菌の遺伝子をすべて薬剤耐性遺伝子で置換して破壊するという一大プロジェクトを世界に先駆けて達成した．同時に，すべての遺伝子の発現ベクターへのクローン化も行っている．一方，枯草菌でも同じく奈良先端科学技術大学院大学の小笠原研究室を中心とした国内の枯草菌研究室グループと欧州の枯草菌研究室グループが国際共同して遺伝子破壊株を作製している．

　体系的な変異株のコレクションは薬剤耐性や新規の変異株のスクリーニングなどに利用されはじめ，成果が生み出されている．高速シークエンサーの

登場で大腸菌や枯草菌のゲノム配列が即座に決まる時代がきた．新時代のバクテリア遺伝学の幕が開かれようとしている．

### 引用文献・URL

1）E. coli Genetic Resources at Yale CGSC（The Coli Genetic Stock Center）
　→http://cgsc.biology.yale.edu/

### 参考文献・URL

- 『Escherichia coli and Salmonella：Cellular and Molecular Biology 2nd ed.』（Frederick C. Neidhardt, et al. ed.），ASM press, 1996
- EcoliWiki
　→http://ecoliwiki.net/colipedia/index.php/Welcome_to_EcoliWiki
- NBRP *E. coli* Strain（National BioResource Project *E. coli* Strain）
　→http://www.shigen.nig.ac.jp/ecoli/strain/about/about.jsp
- NBRP *Bacillus subtilis*（National BioResource Project *Bacillus subtilis*）
　→http://www.shigen.nig.ac.jp/bsub/index.jsp

## 著者プロフィール

**仁木宏典**（Hironori Niki）

　1984年，京都大学大学院理学研究科生物物理学専攻在籍中，京都大学ウイルス研究所分子遺伝部で大腸菌の遺伝学を学びはじめる．当時，由良 隆教授のもとに錚々たるスタッフと院生がおり，そのかいあってなんとか微生物遺伝学を学ぶ．修士を取得の後，指導教員の転出とともに熊本大学大学院医学研究科へ再度入学．これが最後の試験であることを願う．新設の遺伝医学研究施設で研究を続けるが単位取得退学し，助手，講師としてその後，熊本大学にて13年を過ごす．この間，一貫してマウスと培養細胞の研究施設のなかで，大腸菌の染色体分配を行う．2001年より国立遺伝学研究所に研究室をもち，現在にいたる．大腸菌はもとより酵母も使い，新しい研究を模索している．

# Column

## 細菌の性と遺伝

「私は性の問題に夢中になっていた．といっても誰かの刺激を必要とするたぐいのものではなく細菌の性だが．」〔『二重らせん』(James D. Watson／著，江上不二夫，中村桂子／訳)，講談社，1986〕

Watsonが二重らせんの構造のモデルに取り組んでいた1952～'53年にかけて，ちょうど大腸菌にも性があることがLederbergによって発見される．Lederbergがみつけ，発表してきた複雑な組換え現象が，性接合により一部のDNAが組換わることで簡単に説明できることを感じたWatsonは，高等生物と同じように考え問題を複雑にしていたLederbergに一泡ふかせようと性接合の実験を行う．この論文は，Delbrückがコミュニケイトして1953年2月27日付けで受理され，5月1日号の米国アカデミー紀要に掲載されている．この論文をDelbrückに送ってから，Watsonは性の問題からめざめ，DNAの構造に夢中になり，最後の難問を解き明かす．そして，DNA構造のWatsonとCrickの論文は同年の4月2日付けで原稿が送られ，4月25日号に掲載された．性の問題は，ドーバー海峡を越え，パリのJacobのもとで花開く．Jacobいわく，「性の奥義はフランス人でないとわからない．」

## 10

*Bombyx mori*

# 日本の歴史とともに未来に続く
# カイコ
## ―日本人に身近な生物から独自な研究を

伴野　豊（九州大学大学院農学研究院附属遺伝子資源開発研究センター）

**遺伝的に出現するモザイク蚕**
中央は右側の黒色個体と左側の白色個体の特徴を併せもつモザイク個体．カイコには，モザイク個体を発生させる劣性の遺伝子が1つあり，遺伝的にモザイク個体を多発させることができる．

## 実験動物としての特徴と利点

　理科教育の学習用教材としても馴染みが深いカイコは，飛ばない，逃げない，歩き回らない．また，人間にうつる病気はないので実験室の片隅にインキュベーターを備え，簡単な器具を用意するだけで安心して飼育ができる．以前は桑の葉がないと飼育ができなかったが，今では市販の人工飼料があり，年間にわたって実験が可能となっている．交尾を終えた雌蛾は1匹で500〜600個もの卵を一度に産み，それらの卵は産卵後10日ほどで孵化をし，20日ほど餌を食べて蛹となる．14日ほどの蛹期間の後に蛾となるので1世代約50日である．後述するように遺伝的に均一なリソースがあるので発育ステージもきわめて斉一である．欧米には研究者が少ないので日本人がオリジナリティーをもって研究を進められる強みもある．

## ルーツと実験用系統の確立

### 1 カイコのルーツと地理的品種

　カイコは野外には生息していないきわめて稀な生物であり，その祖先種は東

### ● カイコ　〜 *Bombyx mori* 〜

| 和名 | カイコガ |
|---|---|
| 英名 | Silkworm |
| 分類 | 節足動物門 昆虫網 鱗翅目 カイコガ科 |
| 分布 | 野外には生息しない．祖先種と考えられているクワコは，中国，日本，極東ロシア，朝鮮半島の亜熱帯から亜寒帯地域に生息 |
| 生息環境 | 25〜30℃が快適 |

| 体重・体長 | 3g，7cm（最終齢の幼虫）．卵から産まれたばかりの幼虫の1万倍の体重 |
|---|---|
| 寿命 | 45〜60日（25〜30℃飼育） |
| 主食 | 桑葉（人工飼料も開発されている） |
| 愛称 | おかいこさま，おこさま，おかいこ |
| その他 | 蛹は佃煮や素揚げにして食されることもある |

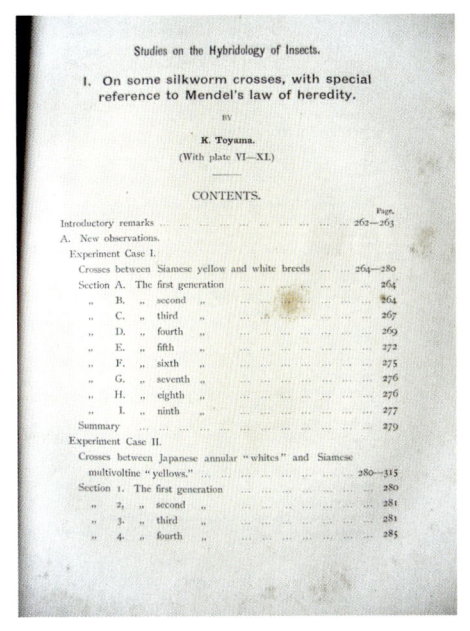

**図1 ● 動物ではじめてメンデルの法則がカイコで示された**
外山亀太郎の論文表紙
（文献1より引用）

アジアに住むクワコ（*Bombyx mandarina*）であると考えられている．クワコからカイコへ家畜化された場所は中国であり，5,000年以上も前のことであったと推測されている．シルクロードを経て世界各地に広がったカイコは，伝わった先の地域の気候や風土に依存し，個性的な形質をもつようになった．それらは地理的品種とよばれ，中国種，日本種，欧州種，熱帯種などに分類されている．いずれの場所のカイコも，現在では飛翔能力を欠き，行動が緩慢で野外で生息が不可能なまでに家畜化されている．

## 2 実験生物としてのカイコ利用のはじまり

世界で養蚕目的に使われていたカイコが実験に用いられるようになったのは19世紀半ばごろからである．当時は，ヨーロッパ諸国が養蚕業の先進国であったため，イタリア，フランスなどでのカイコの研究が多く，微生物学者として名高いPosteur（パスツール）もカイコの病気の解明にあたっていた．一方，その当時の日本では明治政府により養蚕業を振興する政策

がとられ，病気に強く生産性の高いカイコの育種やそれに関連する研究が盛んに行われていた．鎖国を解き，横浜を開港した日本は海外から地理的品種を輸入し，品種改良に利用した．輸入元はイタリア，フランス，オーストリア，トルコ，中国，東南アジアの国々であった．海外から輸入された品種には日本の在来種にはみられない形質的特性があり，遺伝学の好個な材料となった．

　日本における実験遺伝学の先駆者である外山亀太郎は，フランスから輸入した品種のなかから幼虫時代に縞模様の斑紋をもち，黄色の繭をつくる1品種に着目した．彼はその品種と，その品種とは対照的な形質をもつ日本在来種とを交配する実験を行い，1906年，動物でメンデル遺伝学が成り立つことを世界に先駆けて報告したのである（**図1**）．

　遺伝学においては変異形質，つまり多様な突然変異体の存在がスタートになるが，カイコは養蚕目的に大量飼育が行われ，1900年ごろには相当数の突然変異形質が知られていた（**図2**）．筆者が論文などで確認しただけでも30余りにのぼる．

## 3　2つのリソース（地理的品種と突然変異体系統）

　養蚕ばかりでなく学術的研究にも適していることが明らかになったカイコでは，生物学研究の基盤となる遺伝子の連鎖地図作成が盛んに行われるようになった．その原動力となったのは農家や試験研究機関で大量に飼育されるカイコから出現した自然突然変異体であった〔繭が最も生産された1930年（昭和5年）には日本国内で2,350億匹ものカイコが飼育されていたと推定される〕．出現した突然変異体は日本各地に存在した蚕糸関係の試験場や大学で維持されるとともに，多くは九州大学に集められた．九州大学ではカイコの連鎖地図をはじめて発見した田中義麿の指導のもと，カイコの遺伝研究が盛んに行われていたのである．田中は，集められた突然変異体を維持するために，アルファベットと数字を組合わせた系統名を用いて管理した．これがわが国に存在する現在の突然変異体系統の源流となっている（**図3**）．一方，横浜開港後，世界から集められた前述の地理的品種

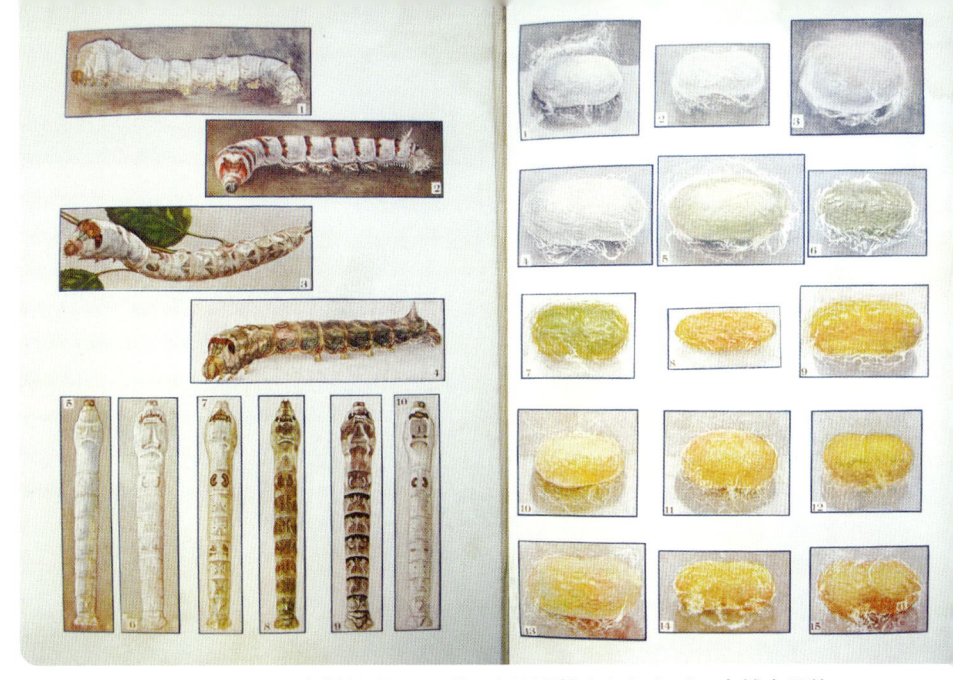

**図2● 米国スタンフォード大学Kellogg氏により記載されたカイコ突然変異体**
米国には養蚕業が発達しなかったので,掲載されている変異体は日本,中国,イタリア,トルコに起源があることが記録されている(文献2より引用)

は,現在,独立行政法人農業生物資源研究所に維持されている.

ここで用いている系統と品種という2つの表現はやや煩わしいかもしれない.カイコで品種と用いる場合は,養蚕目的に開発されたカイコや地理的品種を,系統とは特定の突然変異形質を維持するために開発されたカイコ集団をさしている.

## 4 日本の保有するカイコリソースの意義

現在,カイコリソースを世界的にみた場合,日本が最も高品質なリソースを保有し,そのリソース利用が世界に開かれた体制をとっているといってよい.イタリア,フランスでは20世紀になり,養蚕業の衰退とともにリソース維持を縮小した.インド,ウズベキスタンなどでも保有しているがその規模は日本が格段に上回っている.カイコの家畜化がはじまった中国では,今でも養蚕が盛んであり,日本国内にはない地理的品種を保有して

いる可能性がある．しかし，情報が公開されていないので，研究者が自由に研究できる状態ではない．また，突然変異体系統についていえば，中国の突然変異体系統の拠点大学である重慶市，西南大学のリソース整備事業は九州大学からの提供にはじまっており，日本がリードする立場にある．

以上にカイコリソースの歴史を概略したが，日本が世界のカイコリソースセンターとして果たす役割は大きいといえよう．

# 21世紀へ続くカイコ研究

## 1 ゲノム時代の研究成果

カイコにおいては，トランスジェニック技術が可能になったのは2000年，詳細なゲノム情報が公開されたのが2008年であり，分子基盤でカイコを解析できる体制の確立は遅かった．そのため，豊富な突然変異体の解析も遅れていたが，今，盛んに成果が出はじめ，驚くような発見も報告されている．例えば，これまでカイコの繭は白色が標準と思われてきた．しかし，突然変異体とされていた黄色の繭が祖先的で，白繭は過去に生じた突然変異であり，それを人間が好んで用いてきた結果，今のように白繭が正常とされるようになったのではないかという歴史が明らかにされようとしている．

### 1）ヒト疾患モデルとしての活用

このような状況のもと，実験医学分野でのカイコ利用の意義も拡大している．1つには，500余りの突然変異体系統の原因遺伝子とその作用機構を解明することである．これはカイコのもつ生物機能を明らかにするだけでなく，ヒトや他の生物の理解にも大いに役立つであろう．カイコの幼虫は白色体色が正常であるが，黄体色致死（*lemon lethal*）という突然変異体が知られていた．2009年，その原因はセピアプテリン還元酵素（SPR）の遺伝子の異常により，SPR活性が低下しているためであることが見出された[3]．実は，ヒトの遺伝病「SPR欠損症」も同じ酵素の異常で発症し，発達障害や運動障害を呈する．カイコのこのような黄体色致死変異体にドー

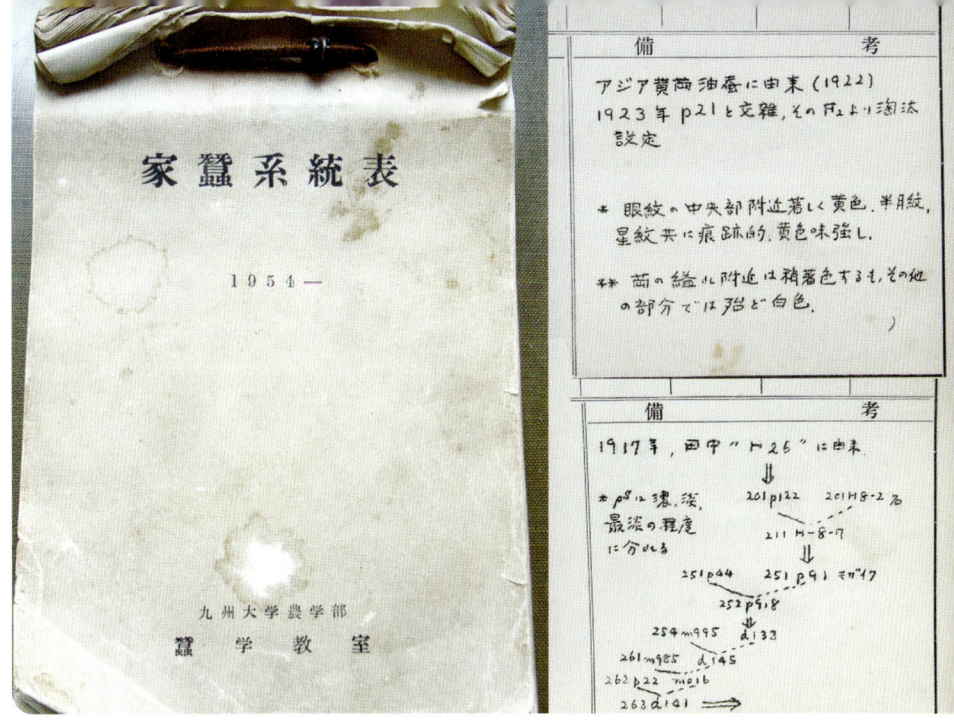

**図3● カイコの系統表**
1954年に発行されたカイコ系統表には当時までに収集された系統の来歴や形質が記載されている．毎年の形質調査はこの系統表の記載にもとづいて現在も引き継がれて行われている（原本所蔵：国立大学法人九州大学附属図書館）

パミンやテトラヒドロビオプテリンを投与すると致死が救済されるという．カイコにはこのような代謝異常や致死変異体のリソースは多く，疾患モデルとしての活用が期待されている．

### 2）マウス・ラットに替わる実験動物としての利用

2つめにはマウスやラットに替わる実験動物としての利用があげられる．カイコの幼虫は成長すると7cmほどになるため，組織別手術や注射が可能であり，処理後の個体から組織別にサンプリングをすることも可能である．さらには，カイコをタンパク質合成系として利用する方法もある．これには2種類の方法がある．1つは，カイコの体内で爆発的に増殖するウイルスに目的とする遺伝子を組込み，カイコ体内で改変ウイルスを増殖させ，タンパク質を得ようとする方法である．もう1つは，トランスジェニックカイコを利用して，外来のタンパク質を合成させるアイデアである．

## 2 カイコ自体に残された生物学的興味

このほか，生物学全般の立場から興味ある研究を述べれば，カイコの家畜化過程の解明があげられよう．すでに述べたようにカイコはクワコという野生昆虫から家畜化されたと考えられる．この過程の解明には，保存されている地理的品種や，東アジアに生息するクワコが有効に利用されるであろう．家畜化の解明はそれと同時に長い時間に自然やその地域の風土で形成されてきたリソースの多様性やその要因を知る一助にもなるであろう．

突然変異体系統と地理的品種という2つのカイコリソースが今後ますます活用されるとともに，長く人類の財産として引き継がれることを期待している．

### 引用文献
1) 外山亀太郎：東京帝國大學農化大學學術報告, 7：259-393, 1906
2) 『Inheritance in silkworms, I』(Vernon L. Kellogg), Stanford University, 1908
3) Meng, Y. et al.：J. Biol. Chem., 284：11698-11705, 2009

### 参考URL
- NBRP Silkworm（National BioResource Project Silkworm）
  → http://silkworm.nbrp.jp/

## 著者プロフィール

**伴野　豊**（Yutaka Banno）

1986年，九州大学大学院博士後期課程修了．大学院時代，恩師から研究に便利だから下宿を引き払ってくるよう指導され，早朝から深夜まで実験材料であるカイコの飼育と実験に追われた．よい実験データを得るには材料となる生き物を最高の状態にして望むという姿勢を叩き込まれた．同時に日常の生物観察が新たな研究の糸口につながることを体得できたと感謝している．日本学術振興会特別研究員を経て，九州大学農学部に就職．'90年7月から1年，カナダのカルガリー大学に留学し，トランスジェニックカイコの開発にかかわった．現在は世界最高水準のカイコ系統を管理・開発するとともに，安全かつ効率的に維持するべく，凍結保存技術の開発を行っている．2006年4月から文部科学省ナショナルバイオリソースプロジェクト「カイコ」代表者．

# Column

## 戦争と系統保存

　福岡市の九州大学では第二次世界大戦中，焼夷弾が落とされるのを気にしながらカイコの系統保存をしていたという話を以前に恩師からお聞きすることがあった．そのときはあまり意識しなかったのであるが，最近，中国四川省重慶市を訪問し，西南大学の系統保存の歴史についてお聞きしたとき，恩師から聞いた話の重大性に気づかされた思いであった．中国西南大学は現在，中国では最も多彩な突然変異体系統を保有する大学であるが，同大学のリソースのルーツは広東省広州市の中山大学であったという．しかし，日中戦争で，日本軍が進行した際，広州市での系統維持をあきらめ，雲南省の昆明市などで維持をし，その後，重慶市の西南大学に落ち着いたのだという．その何千キロにわたる移動中には，人にもカイコにも大変危機的な場面があったという．

　カイコは長期保存ができないので，1年に一度の飼育が必須である．春に世代更新をした卵は翌年まで安全な場所で保管しないと系統は絶えてしまう．このような事情を知り，日本の状況を調べてみたところ，当時の農林省では疎蚕という措置をとっていたことがわかった．疎蚕とはカイコの疎開である．

　残念ながら，今なお戦争は世界からなくなっていない．現存するリソースはそれを守ろうとした先人の並々ならぬ努力によって受け継がれてきた財産であることを肝に銘じなければならない．

# 11

## 植物でも動物でも菌類でもない
# 細胞性粘菌
### ──多様な有用性を秘めた社会性アメーバ

漆原秀子（筑波大学生命環境系）

**Dictyostelium discoideum の集合期（左）と子実体期（右）の写真**
約10万個の細胞が集まって1個の子実体を形成する（スケールバー＝0.5 mm）．
左）文献1より転載（写真は森尾貴広博士より）．右）文献2より転載

集合期

子実体期

# 11 細胞性粘菌

# ユニークな生活環をもつ微生物

　土壌微生物の細胞性粘菌は，単細胞として増殖するアメーバが飢餓ストレスにより集合して多細胞化し，ナメクジ形の偽変形体を経て胞子の塊とそれを支える柄からなる子実体を形成する（**図1**）．このユニークな生活環から，細胞性粘菌研究の大御所であるBonnerは「社会性アメーバ」と呼んだ．ちなみに，戦前の日本人博物学者・菌類学者として著名な南方熊楠が注目した「粘菌」は多核の単細胞が巨大化する真正粘菌で，別グループの生物である．細胞性粘菌は生活環が興味深く扱いやすいことから，発生学や細胞学のモデル生物として多用されてきたが，今日では人間生活にかかわりのある現象がいくつも見出されており，多面的な有用性を秘めたモデル生物として期待されている．

## ● 細胞性粘菌　～ *Dictyostelium discoideum* ～

| 和名 | キイロタマホコリカビ |
|---|---|
| 分類* | アメーボゾア界 ミセトゾア門 コノーサ綱 タマホコリカビ目 タマホコリカビ科 |
| 分布 | 極地と海洋を除く地球上のほとんどの地域 |
| 生息環境 | 主として土壌表層の湿った環境 |
| 大きさ | アメーバは直径10μm前後．子実体は高さ0.5～5 mm程度 |
| 寿命 | アメーバは最速3時間ごとにほぼ無限に分裂．胞子は乾燥状態で1年以上生存．凍結乾燥胞子は半永久的に発芽能を維持できる |
| 栄養源 | 主としてバクテリアなどの微生物を捕食 |
| その他 | 有性生殖期の接合子を除いて全生活環ハプロイドである．細胞内に入るものなら何でも食べるようで，酵母なども餌になる．なかには別種の細胞性粘菌アメーバを食べる種もある |

*現在活発に研究されている真核微生物分類学の状態が反映され，出典により異なった体系となっている（ここでは文献3を参考にした）

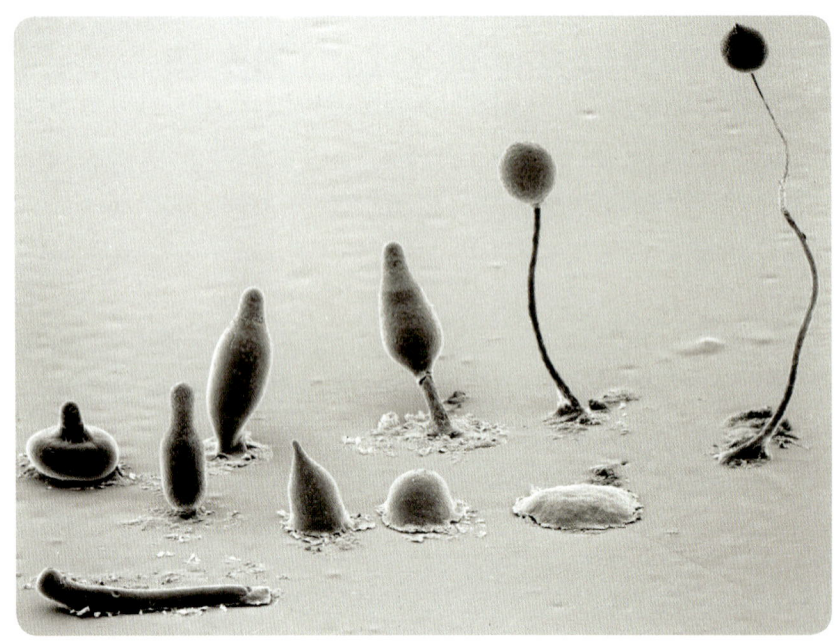

**図1 ● *D. discoideum* の子実体形成過程を示した走査型電子顕微鏡写真**
左下は移動体とよばれる偽変形体（文献4より転載）

## 少しずつ正体が明らかにされ モデル生物に

### 1 動物か植物か，はたまた菌類か

　細胞性粘菌は偽変形体となって這いまわるが動物ではない．胞子やセルロースの柄を形成しても植物ではない．和名では「カビ」という名前がついているが菌類でもない．分子系統解析では，ヒトにいたる真核生物の系統樹で植物が最初に分岐し，その後菌類が分岐する前に分岐したとされている（**図2**）．細胞性粘菌は *Dictyostelium* 属，*Polysphondylium* 属（枝分かれした柄を形成），*Acytostelium* 属（非細胞性の柄を形成）の3属に分類されており，ここで主に紹介するキイロタマホコリカビは *Dictyostelium*

**11 細胞性粘菌**

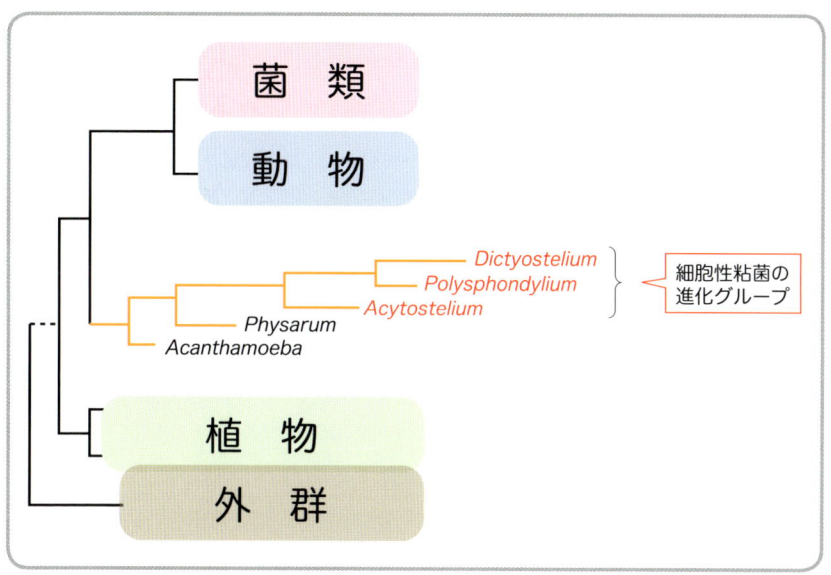

**図2● 細胞性粘菌の進化的位置**
細胞性粘菌近傍については，*Physarum*：真正粘菌，*Acanthamoeba*：アカントアメーバ
（橙線部分 ── は文献5を元に作成）

属のなかでも最も進化したグループに入る．

## 2 手軽で便利な実験材料

　細胞性粘菌は野外で土壌中のバクテリアを捕食して増殖していることから，実験室ではバクテリアとの二員培養を行う．この培養の便利な点は，バクテリアを食べつくして飢餓状態になっても死に絶えることなく子実体を形成し，胞子として生存し続けることである．飢餓直前の細胞を回収して残存バクテリアを洗い去り，無栄養寒天や湿らせた濾紙の上に塗布すると，同調的に発生が進行し，24時間で子実体となる．1860年代に近縁種の*Dictyostelium mucoroides*が記載されて以来，地球上のありとあらゆる地域から細胞性粘菌が収集されたが，キイロタマホコリカビはそのなかでも培養と同調発生の誘導が格段に容易な優等生で，代表種として多用さ

113

れている．

## 3 生活環の各段階がさまざまなモデルに

　ばらばらに生活していたアメーバの集合は，細胞から分泌されるアクラシンと総称されている種特異的な物質に対する走化性運動によって実現している．キイロタマホコリカビのアクラシンはcAMPであることが発見され，走化性運動のモデル系として分子生物学的な解析が進んだ．移動体と呼ばれる偽変形体の時期には後部約80％の細胞が胞子に，残りが柄細胞に分化する細胞運命が定まっている．わずか2種類の細胞への分化というシンプルなシステムは，発生のエッセンスを研究するための格好のモデルである．このほかにも，バクテリアを捕食する食作用活動，細胞分裂，有性生活環での細胞融合など，生活環の各段階が人為的に操作可能で，モデル系として貢献している．

## 4 無菌培養株の登場とゲノム解析

　キイロタマホコリカビの研究史における次の3つのできごとが，モデル生物としての有用性を格段に高めた．

### 1）無菌培養系の確立

　1970年代になって，バクテリアの存在を必要とせず，人工的な合成培地で増殖する株が得られた．AX（axenic：無菌の意味）シリーズのこれらの株は，キイロタマホコリカビの標準株の1つNC4株に由来する自然発生的な変異株で，飲作用活動が亢進しているために液体成分の取り込みのみで必要なエネルギーを得ることができる（固形物の取り込みには劣っており，倍加時間は8時間程度と長くなる）．これにより，それまで細胞性粘菌を扱ううえで問題となっていたバクテリアの混在によるさまざまな障害が取り除かれた．以下の2項目も無菌培養によって成功したものである．

### 2）形質転換系の確立

　1980年代後半，エレクトロポレーションでDNAを導入して形質転換する方法が確立された．相同性組換えを利用した遺伝子破壊は高頻度で生じ，

図3 ● *D. discoideum*が最初に記載された1935年のRaperによる論文
(文献7より引用)

ネガティブセレクションが不要である．標準的には1カ月程度で変異体の取得が可能である．また，プラスミドが単離され，ゲノムへの挿入部位に左右されない外来遺伝子の過剰発現も可能となった．

### 3）ゲノム解析

1990年代後半から日本を主体とするEST解析と国際共同のゲノム解読が手掛けられ，いずれも2005年に完了した．遺伝情報，遺伝子クローンともにネットを通じて容易に入手できる環境となっている[4,6]．実はキイロタマホコリカビでは有性生殖による遺伝解析がうまくいかず，遺伝学のないことがモデル生物としての難点であった．しかし，遺伝情報の整備と遺伝子操作法の確立によってこの問題は完全に克服されたといえる．

# ヒトとのかかわり，セカンドマテリアルとしての期待

　今日の細胞性粘菌を用いた研究の特徴として，ヒトとのかかわりが大きくなったことがあげられる．まず，がん細胞の増殖を抑制したり種々の生理作用を示したりする二次代謝産物が見出され，創薬の新規ターゲットとして注目されるようになった．また，2000年のScience誌に肺炎の原因となるレジオネラ属菌がキイロタマホコリカビを宿主として増えるという記事が掲載されて以来，病原微生物との相互作用を扱った論文が急増した．そもそも細胞性粘菌は野外でバクテリアを捕食しているので，取り込んだバクテリアの消化に失敗し，逆に細胞を乗っ取られて感染を許す事態も起こるわけである〔1935年にキイロタマホコリカビをはじめて記載（図3）[7]したRaperは，すでにその2年後にさまざまな病原バクテリアとアメーバ増殖の関係について報告している（図4下）[8]〕．さらに，溶原性ファージのようにバクテリアを安定に維持し続ける（そして新しい環境で放出する）"farming"という選択肢があることも見出された．細胞性粘菌と相互作用するバクテリアがヒトの健康や生活に影響するケースでは，アメーバの食作用や細胞内の小胞輸送などが感染モデルとしてきわめて重要な研究課題となる．

　もう1つの将来展望として，細胞性粘菌リソースの拠点は「セカンドマテリアル」としての利用を勧めている．細胞を扱っている研究室であればどこでも細胞性粘菌の培養は可能である．遺伝子導入が容易なうえにハプロイド（一倍体）であるために表現型がただちに観察されるので，他生物の興味ある遺伝子について一連の変異遺伝子を作製し，細胞性粘菌に導入して細胞機能への影響を調べるといった試みが可能である．今後は，従来行われてきたさまざまな生命現象に対するモデルとして，人間生活への応用に役立つ生物として，汎用性遺伝子機能解析マテリアルとして，3方面からの活用が期待される．

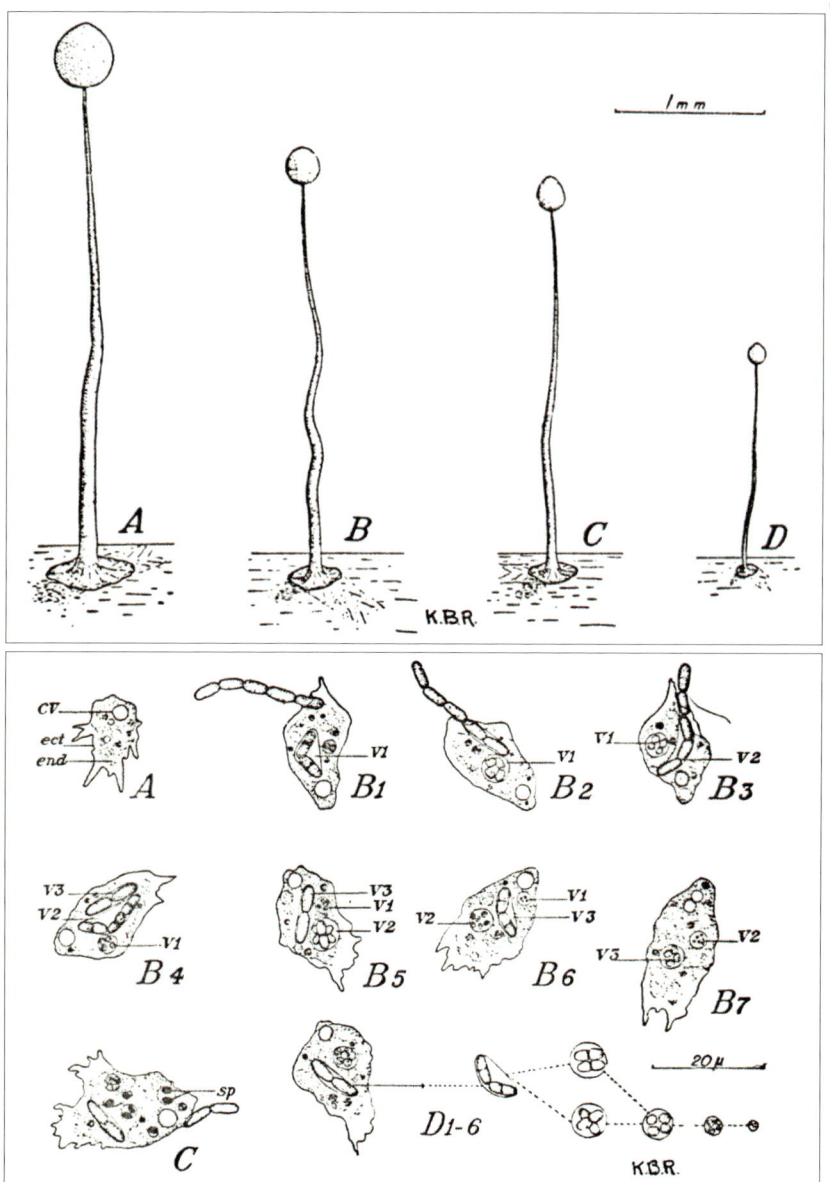

**図4 ● *D. discoideum* の最初の記載から2年後のRaperの論文**

上）*D. discoideum* 子実体のスケッチ．サイズが変わっても，基部のディスク，柄，胞子塊という構造は変わらない．下）*D. discoideum* アメーバが*Bacillus megatheriuim*（バシラス属菌）を呑食して消化する様子のスケッチ．$B_1$〜$B_7$は約10分間隔で，バクテリアがすみやかに分解される様子がわかる．Cの胞子（*sp*）は消化されない（文献8より引用）

**引用文献・URL**

1）『細胞性粘菌のサバイバル−環境ストレスへの巧みな応答』（漆原秀子／著），サイエンス社，2006
2）Urushihara, H.：Dev. Growth Differ., 50：S277–S281, 2008
3）『細胞性粘菌：研究の新展開』（阿部知顕，前田靖男／編），アイピーシー，2012
4）dictyBase
　→http://dictybase.org/Multimedia/Larry Blanton/dev.html
5）Baldauf, S. L. et al.：Science, 290：972, 2000
6）NBRP Nenkin（National BioResource Project Cellular slime molds）
　→http://nenkin.lab.nig.ac.jp/
7）Raper, K. B.：J. Agr. Res., 50：135–147, 1935
8）Raper, K. B.：J. Agr. Res., 55：289–317, 1937

**参考文献**

- 『*Dictyostelium discoideum* protocols』（Ludwig Eichinger & Francisco Rivero, ed.），Humana Press, 2006
- Eichinger, L. et al.：Nature, 435：43–57, 2005
- 『*Dictyostelium*: Evolution, Cell biology, and the Development of Multicellularity』（Richard H. Kessin），Cambridge University Press, 2001

## 著者プロフィール

**漆原秀子**（Hideko Urushihara）

　1979年，京都大学理学博士の学位を取得．生物物理学教室で岡田節人，竹市雅俊両先生の指導によりカドヘリン前夜の細胞接着分子の研究を行った．三菱化学生命科学研究所，癌研究所，NIH，理化学研究所でのポスドク時代はマウスを扱ったが，'85年，筑波大学に赴任して細胞性粘菌の研究を開始．有性生殖過程での細胞間相互作用の解析を行った．'96年からのcDNAプロジェクトではデータベースを担当し，ゲノム解析にも加わった．その後，柄細胞が分化しない*Acytostelium*属細胞性粘菌に興味をもち，多細胞体制の確立，とりわけ細胞分化能の獲得に必要な遺伝情報の解明をめざして比較ゲノム研究を行っている．

# Column

## 細胞接着分子――細胞性粘菌はお手本

　1970年代の後半，筆者は哺乳類の培養細胞を用いて細胞接着分子の研究に携わっていた．当時細胞性粘菌では細胞集合期に出現するCa$^{2+}$非依存性接着分子CsA（コンタクトサイトA）と，増殖期から存在しているCa$^{2+}$依存性接着分子CsBが明らかにされ，集合期細胞での局在性の相違などが報告されていた．その論文を読みながら，自分も分子を同定するだけでなく働き方まで明らかにしたいと思ったものである．やがて主な研究材料になるとはついぞ知らぬ時代のことだが，細胞性粘菌の研究はお手本であった．

　さて，そのCsAのその後の話題である．遺伝子クローニングが行われ，作法に則って遺伝子を破壊すると期待通りCa$^{2+}$非依存性の接着能が失われた．ところがこの遺伝子破壊株，発生させると正常に集合して子実体を形成するのである．時機をはかって発現するが実は無用のタンパク質なのかと人々が興味を失いかけたころ，イタリアのグループがCsA遺伝子破壊株は土壌中では子実体を形成できないことを報告した．水分をたっぷり含む滑らかな寒天表面とは違い，土粒から土粒への大移動には強固な細胞接着が必要なのであろう．たとえモデル生物であっても，われわれが実験条件下で観察することと生理的意義はいつも一致するとは限らないことを教えてくれる．細胞性粘菌は研究姿勢のお手本である．

## 12

*Ipomoea nil*
(Syn. *Pharbitis nil*)

## 江戸期から愛され続ける
# アサガオ
## ― 日本で独自の発達を遂げた バイオリソース

仁田坂英二（九州大学大学院理学研究院生物科学部門）

**アサガオの標準系統
―東京古型標準型**
戦後アサガオの突然変異系統の収集・保存を行った国立遺伝学研究所の竹中要が選抜した典型的な野生型系統．トランスポゾンの転移も抑制されている

## 12 アサガオ

# 江戸の園芸ブームが生み出した
# モデル植物

　中南米原産のアサガオは，サツマイモ属に属する植物で，薬用植物（下剤）として人類によって分布を広げたと考えられており，その終着の地である日本においてのみ園芸植物として独自の発達を遂げた．古く"朝顔"というのは，朝咲くきれいな花の総称だったようであるが，アサガオが普及したため，アサガオをさす固有名詞になったようである．このアサガオの普及の過程で特に注目すべき点として，江戸期の人々が種子のできない（不稔）アサガオの変異体をヘテロ接合の状態で保存する技術を編み出したことがあげられる．このようなアサガオの栽培はまさに毎世代メンデルの法則を検証していることにも通じ，遺伝法則の再発見後，日本で遺伝学の研究材料として用いられたのも自然な流れであった．主要なモデル植物のゲノム配列が次々と決まり，おおまかな植物の遺伝子の働きが明らかになってきた今，より詳細なメカニズムの解明に向けて，アサガオの重要度が増してきている．

### ● アサガオ　～ *Ipomoea nil* (Syn. *Pharbitis nil*) ～

| 和名 | アサガオ（朝顔，牽牛花） |
|---|---|
| 英名 | Japanese morning glory |
| 分類 | 被子植物門 双子葉植物綱 ナス目 ヒルガオ科 サツマイモ属 |
| 分布 | 全世界の熱帯～温帯域（中南米以外は人為散布だと思われる） |
| 生息環境 | 野外，栽培下 |
| 体長 | 日長条件でサイズの調整が可能．<br>夏期の屋外では5 m以上．短日条件では20 cm程度 |
| 寿命 | 屋外では数カ月～半年．播種から開花まで最短1カ月 |

# 幾度もの絶滅の危機を乗り越えたアサガオの変異体

## 1 アサガオの渡来

　アサガオは古くから日本人に愛されている植物であるが，日本原産の植物ではなく，今から1,200年以上前の奈良時代，遣唐使によって日本に渡来したという記録がある．当初は観賞目的ではなく，薬草（下剤）として利用するために栽培されていた．アサガオと同種だと認められる植物は全世界に分布または栽培されているが，中南米にサツマイモ属の植物の種類数が多いことと，分子系統学的解析から，このあたりが原産地だと考えられている．その後，人類によって次第に分布を広げたのであろう．自律性トランスポゾンの有無（後述）からも新大陸から旧大陸，アジアと分布を広げ，最後に日本に伝播したという経路がリーズナブルだと考えられる．

## 2 江戸期のアサガオブーム

　その後，観賞用にも栽培されるようになるが，江戸時代までの長い間，野生型の青い花（**120ページの写真**参照）以外，白花などごく少数の変異しか起こっていなかったようである．18世紀のなかごろになって，備中松山藩（現在の岡山県高梁市）で黒白江南花という，絞り模様のトランスポゾンの転移が活性化したアサガオがみつかり，これが京都や江戸に広まったという記録がある．この子孫から多数のトランスポゾンの挿入変異体が生まれ，その後のアサガオブームにつながっていったのであろう．

　江戸時代の文化文政期（1804〜'29）に最初のアサガオブームが起こり，このころ出版された図譜『あさかほ叢』には色や形の変異が500種類以上掲載されている．この時期のアサガオは主に種子のできる単純なものであったが，その後の嘉永安政期（1848〜'59）の第二次ブームで観賞されたアサガオは，複数の変異を組合わせたもので，とてもアサガオにみえない形態をもつ不稔のものばかりであった（**図1**）．このブームの仕掛け人の1人

**図1● 江戸期のアサガオ**
『朝顔三十六花撰』(1854) に掲載されているアサガオ．右上の花銘は「竜田葉紅柿絞風鈴組上車牡丹度咲」とあり，立田 ($m$)，紅柿 ($mg\ pr\ dy$)，吹掛絞 ($sp$)，車咲 ($m\ cp-r$)，牡丹 ($dp$) という多重変異であることがわかる

は，東京入谷の植木屋，成田屋留次郎であり，入谷でのアサガオ栽培が盛んになった．

## 3 遺伝学研究における利用のはじまり

　明治維新以降，アサガオの系統も散逸するが，地方に残っていたアサガオが集められ，再びブームが起こった．また，明治15年（1882年）になって，入谷の朝顔市がはじまり，その後大正2年（1913年）には一度廃止されたが，昭和23年（1948年）に再開され，現在まで続いている．このころ日本に，再発見されたメンデルの法則が伝わり，カイコ（**第10章**参照）から遅れること10年，外山亀太郎および竹崎嘉徳によってはじめてアサガオが遺伝学の材料として用いられた（1916）．その後，第二次世界大戦の

直前まで，三宅驥一，今井義孝，萩原時雄ら日本人研究者によって，突然変異体の解析や連鎖地図の作成が精力的に行われた．この時点で，トウモロコシに次いで詳細に解析されていたモデル植物であり，発表された論文も200報を超えている．

### 4 戦後のアサガオ研究

　戦争で多くのアサガオの系統が失われてしまい，江戸時代から連綿と続いてきたアサガオの突然変異系統はわずか数人の愛好家が保存しているだけであった．そのような状況下で，1956年に日本で開催される国際遺伝学会において，アサガオを展示するため，国立遺伝学研究所の竹中 要が突然変異系統の収集・保存活動を行い，これらの系統は1997年に九州大学に移管され，現在まで保存されている．

　期をほぼ同じくして，今村駿一郎，瀧本 敦らによって，アサガオの短日条件に鋭敏に反応して花芽をつける（花成）性質が着目され，植物生理学の研究にも利用され，彼らが用いた標準系統「ムラサキ」（**図2**）は国際的にも広く用いられるようになった．その後，米田芳秋による種間雑種の研究，笠原基知治による易変性変異体の研究などにも用いられた．

### 5 分子生物学におけるアサガオ

　アサガオを用いた研究における最も大きな進展は，基礎生物学研究所の飯田 滋らによる，アサガオの色素合成系遺伝子の一連の解析である．彼らはアサガオの色素であるアントシアニン合成にかかわるほとんどの遺伝子，およびその変異体を明らかにした．またわれわれはアサガオの形態形成変異体に着目し，花の形態形成にかかわるMADS-box遺伝子群や，向背軸，および中央側方軸形成にかかわる変異体の原因遺伝子について解析した．高橋秀幸らはアサガオの重力感受性変異体の原因を明らかにし，これは同時に蔓が支柱に巻き付く性質も失っていることを示した．ドイツのCouplandらは，これまで長日性植物であるシロイヌナズナ（**第6章**参照）で研究されてきた花成機構が基本的には短日性植物のアサガオにも当てはまること

**12 アサガオ**

**図2 ● アサガオの標準系統—ムラサキ**
植物生理学の研究において標準系統として用いられており，花色（*mg*）と葉型（*dg*）の変異をもつ

を明らかにした．

## 均一なゲノムと突然変異誘発に有用なトランスポゾン

### 1 類をみない均一なゲノム

　これまでの分子生物学的研究によって，日本産のアサガオの系統間ではトランスポゾンの挿入部位以外では，遺伝子の多型がほとんどみられないことが明らかになってきた．これは，自家受粉する性質と，起源地から遠く離れた日本で隔離された状態で栽培されてきたことに加え，その後トランスポゾンが活性化した系統が重点的に栽培されたことなどによると考えられる．突然変異体の原因遺伝子を調べてみると転写産物の量が野生型の1/3〜半分

程度でも表現型に差異が現れる例もあり，バックグラウンドが均一なため変異体の検出能力が高いと解釈している．また，他の植物では冗長性があるため，2つ以上のパラログを同時にノックアウトしないと表現型に現れない遺伝子でも，1つだけの変異体で表現型に現れる例も知られている．雑種起源の植物では，進化の過程で機能分化したパラログもシャッフルされてしまい，冗長性で片付けられていた遺伝子もあるのではないだろうか．器官が大型ということも併せて，アサガオは，今後，微細な遺伝子の働きを調べるために適したバイオリソースであると考えている．

## 2 突然変異原としてのトランスポゾン

アサガオで突然変異を誘発しているトランスポゾンである $Tpn1$ ファミリーは，ゲノム中に1,000コピー程度存在しており，突然変異誘発効率が高く，トランスポゾンの配列を指標にした遺伝子クローニングが可能である．また，われわれの研究によると，これらを転移させる，転移酵素をコードしている自律性トランスポゾンはゲノム中に1コピーだけ存在しており，末端を欠失するため自分自身は転移できず安定である．そのため，系統ごとの転移能を調べたり，このトランスポゾンをもたないアフリカ・アメリカ系統の染色体領域を利用して，挿入変異を安定化させる道を開いた．

## 3 教育材料としてのアサガオ

アサガオは初等教育における実験材料として昔から用いられている．また，2010年から，宇宙放射線の生物への影響を調べる目的で，国際宇宙ステーション「きぼう」に9カ月置いた種子から突然変異体を探すJAXAのプロジェクトがスタートした．アサガオは一般にもなじみ深い材料ということもあり，全国の小学校，中学校，高校など200校が参加した．実際には，このレベルの放射線量では突然変異体はほとんど期待できないが，ポジティブコントロールとして，重イオンビーム照射したアサガオの種子も同時に観察しており，いくつかの変異体がみつかったようだ[1]．

**図3● アサガオの多様な突然変異体**

アサガオの変異体の大部分は江戸時代後期にトランスポゾンの挿入または離脱する際に残した数塩基のフットプリントによって誘発されている。そのため、AやBのように体細胞におけるトランスポゾンの転移がしばしば観察される。形の変化を楽しむ、変化朝顔と呼ばれる系統群では、向背（表裏：B，C）軸や、中央側方（横幅：B）軸方向の器官の形成にかかわる遺伝子の突然変異体が多く含まれる。B～Dでは生殖器官形成にかかわるC機能MADS-box遺伝子も欠損するため、雄ずい、雌ずいが花弁やがくに転換し数が増加しており、Dではこれに加えて、花弁と雄ずいで発現するB機能MADS-box遺伝子が欠損するため、花がすべてがくで構成されている

## 4 ゲノム解読への期待

　ナショナルバイオリソースプロジェクトにおいて、突然変異系統や形質転換系統，変異遺伝子の情報，EST配列などが整備されている（**図3**）．アサガオの全ゲノム配列も，基礎生物学研究所の星野 敦が中心となり，国立遺伝学研究所，慶應義塾大学などとの協同研究でほぼ決定された．今後，これらの情報を利用することで，アサガオが日本を代表するバイオリソースとして花開くことを願ってやまない．

**引用URL**
1) JAXA第1回宇宙種子実験（JAXA "Seeds in Space 1"）
   →http://edu.jaxa.jp/seeds/

**参考文献・URL**
- Imai, Y.：Jpn. J. Genet., 14：91-96, 1938
- Inagaki, Y. et al.：Plant Cell, 6：375-383, 1994
- Iida, S. et al.：Adv. Biophys., 38：141-159, 2004
- Kitazawa, D. et al.：Proc. Natl. Acad. Sci. USA, 102：18742-18747, 2005
- Iwasaki, M. & Nitasaka, E.：Plant Mol. Biol., 62：913-925, 2006
- 九州大学大学院理学研究院の「アサガオホームページ」
  →http://mg.biology.kyushu-u.ac.jp/
- NBRP Morning glory（National BioResource Project Morning glory）
  →http://www.shigen.nig.ac.jp/asagao/

## 著者プロフィール

**仁田坂英二**（Eiji Nitasaka）

　小学生のころ，変化朝顔（参考文献・URLの「アサガオホームページ」参照）の栽培をはじめ遺伝学に興味をもつ．1985年，九州大学理学部生物学科卒業後，九州大学医学系大学院分子生命科学専攻において，ショウジョウバエのトランスポゾンの構造や転移機構の研究を行い，'90年，理学博士を取得．その後，ハーバード大学のポスドクとして，Gelbart教授およびLewontin教授のもとでショウジョウバエの*DPP*遺伝子について研究．'93年より九州大学に着任．'97～2000年にさきがけ研究「形とはたらき」（丸山工作代表）に採択されたことを契機にアサガオの研究に切り替える．'02年からナショナルバイオリソースプロジェクト「アサガオ」中核機関代表．アサガオの形態形成変異体の原因遺伝子およびその原因となるトランスポゾンの解析をメインテーマとしている．

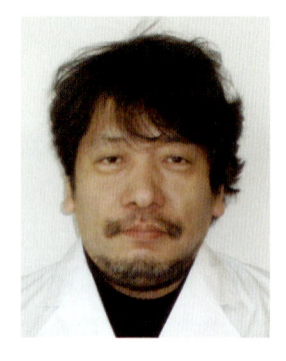

## Column

## 江戸時代の栽培家はメンデルの法則を知っていた？

　メンデルが遺伝法則を発見する前の江戸時代，複数の変異を組合わせた驚くべき形態のアサガオがすでにつくられていた（本文中の**図1**）．これをみて，日本人はメンデル以前に遺伝法則を知っていた，人工交配を駆使してこれらのアサガオをつくり上げた，という記述をしばしば目にする．

　しかし，本当にそうだろうか．そもそも自然科学の思想にどっぷり浸かっているわれわれには江戸期の人々の考えなど想像もできないが，当時の人々の考え方を知るうえで重要な思想として，中国から伝わった陰陽五行説がある．これは，すべての事物には陰と陽があり，万物は5種類の要素から成り立っているというものである．この考え方にもとづいて，動物だけでなく，すべての植物にも陰（メス）株と陽（オス）株があるということが流布されていた．おそらくこれが植物の受粉のしくみの理解を妨げ，当時はもっぱら昆虫によって自然交雑を起こした株を選抜することで多重変異体をつくっていた．

　とはいえ，五行説の影響を受けて，アサガオも基本となる変異が複合してできており，それぞれ独立に遺伝し，分離可能だと理解していた点は，メンデル以前の融合説より先んじていたといえよう．このことは当時のアサガオの命名法からも推測できる（本文中の**図1**，**図①**）．しかし，その後の明治時代になっても，アサガオの基本変異は5種類ではなくて6種類でないと説明がつかないなど，不毛な議論が続いていた．

**図①●宝蓑葉（たからみのば）**
　日本画家でもあった岡 不崩が作出した，アサガオのなかでも最も変化に富んだ葉型（『あさかほ手引草』，1902）．遺伝子解析の結果から，立田（*WOX1*：横幅方向），笹（*FIL*：裏側），南天（*AS1*：表側），林風（?）の四重変異体で，主要な器官の分化運命を決定する遺伝子が欠損しているため，このような奇態を示すことが明らかになった

## 13 ヒトと同じ真猿類
# コモンマーモセット
## ─Biomedical Super Modelへの期待

伊藤豊志雄（公益財団法人実験動物中央研究所）

耳の脇の白いふさ毛が特徴的なマーモセット
好奇心旺盛で，何かを見つめて首をかしげる動作がかわいらしい

**13** コモンマーモセット

# 遺伝子改変霊長類モデルへの期待

　疾患を分子レベルで解明するために遺伝子改変マウスが果たしてきた役割はきわめて大きい．しかし，ヒトと齧歯類では脳神経機能，代謝経路，薬物感受性などの遺伝的・生理的な差異は大きく，マウスとヒトの間を埋める霊長類による遺伝子改変モデルが期待される．この期待に応えるモデル動物として注目されているのがコモンマーモセットである．コモンマーモセット（*Callithrix jacchus*，以下マーモセット）はブラジル北東部原産の体長25〜35 cm，体重250〜450 gの小型のサルで，多産，深刻な人獣共通感染症の危険性が少ない，といった実験動物としての利点を有しており，近年，バイオメディカル研究での使用が増加している．2009年には

## ● コモンマーモセット　〜 *Callithrix jacchus* 〜

| 和名 | コモンマーモセット |
|---|---|
| 分類 | 霊長目 直鼻亜目 広鼻下目 オマキザル科 マーモセット亜科 マーモセット属 |
| 分布 | ブラジル北東部 |
| 生息環境 | 森林（半落葉乾燥林，海岸林など．二次林，林縁部など人の生活圏に近い地域にも生息する），樹上生活性，昼行性 |
| 体重・体長 | 体重250〜450 g，頭胴長20〜25 cm，尾長20〜30 cm |
| 寿命 | 飼育下では10〜15年 |
| 食餌 | 野生：樹液・樹脂，昆虫，果実<br>飼育下：固形飼料，カステラなど甘いものを好む |
| 繁殖力 | 性成熟：1.5歳<br>1回産仔数：2〜3匹<br>妊娠期間：145〜147日<br>分娩間隔：154〜157日<br>　　　　　（哺乳中であっても出産後11〜13日に排卵し妊娠が成立する）<br>年間産仔数：4〜6匹<br>生涯産仔数（概算）：40〜80匹 |
| 鳴き声 | 小鳥のさえずりのよう．多様な鳴き声でコミュニケーションしている |
| 性格 | 好奇心旺盛でいろいろなものに興味を示す |

図1● Nature誌の表紙を飾ったトランスジェニックマーモセット
"Biomedical Super Model" との見出し．実験動物中央研究所の佐々木えりかと慶應義塾大学の岡野栄之らの共同研究（Nature誌2009年5月28日号より）

霊長類として世界初となるGFP遺伝子を導入したトランスジェニック動物の誕生と継代（導入遺伝子の生殖系への伝達）が報告され（図1），現在，その技術を応用したヒト疾患モデルマーモセットの作製が進められている．

# ヒトに近い実験動物の整備と医学への応用

## 1 マーモセットのプロフィール

霊長類のなかで，マーモセットはヒトと同じ真猿類に分類される（図2）．真猿類はさらにアジア・アフリカを原産とする旧世界ザル（狭鼻猿下目）と中南米原産の新世界ザル（広鼻猿下目）に分けられる．2つのグループは約4,000万年前に共通の祖先から分岐し，それぞれ独自に進化を遂げてきたとされる．そのためか，マーモセットは真猿類としてヒトとの類似性を

## 13 コモンマーモセット

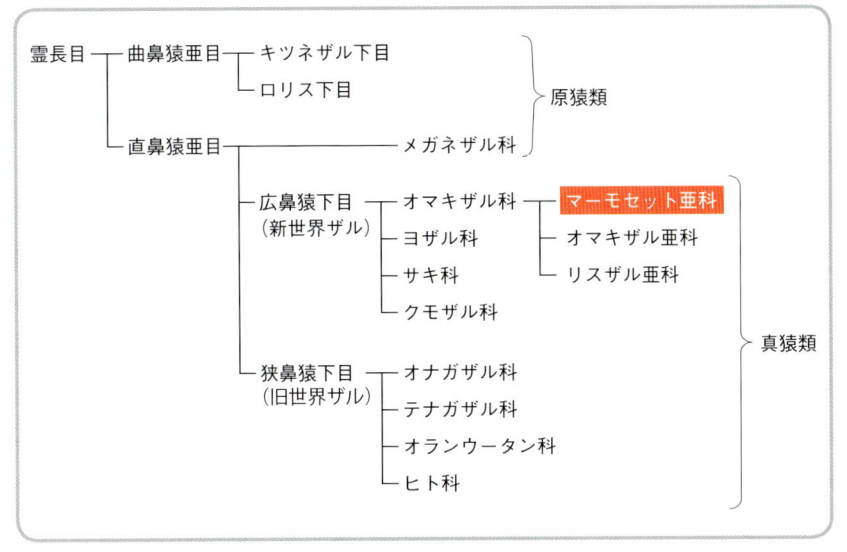

```
霊長目 ─┬─ 曲鼻猿亜目 ─┬─ キツネザル下目       ┐
        │              └─ ロリス下目           ├ 原猿類
        │                                      │
        └─ 直鼻猿亜目 ─┬─────────── メガネザル科 ┘
                      │
                      ├─ 広鼻猿下目 ─┬─ オマキザル科 ─┬─ マーモセット亜科  ┐
                      │ （新世界ザル）│                ├─ オマキザル亜科    │
                      │              │                └─ リスザル亜科      │
                      │              ├─ ヨザル科                           │
                      │              ├─ サキ科                             ├ 真猿類
                      │              └─ クモザル科                         │
                      │                                                    │
                      └─ 狭鼻猿下目 ─┬─ オナガザル科                       │
                        （旧世界ザル）├─ テナガザル科                       │
                                      ├─ オランウータン科                   │
                                      └─ ヒト科                            ┘
```

**図2● 霊長類の系統樹**

もちながら，従来からの実験用サル類である旧世界ザルのマカク属（カニクイザル，アカゲザルなど）とは異なる特徴を有する．そのなかで特筆すべきは霊長類としては非常に高い繁殖力である．

マーモセットは生後約1年半で性成熟に達し，1年に2回出産し，1回に2～3仔を産む．一方，カニクイザルは1年1産1仔で，性成熟まで3～4年もかかる．1匹のメスの誕生後10年間の産仔数を比較するとカニクイザル約7匹に対してマーモセットは約50匹と大きな差がある．この高い繁殖力に加え，小型であるためハンドリングが容易で，サル類で問題とされる人獣共通感染症の危険が少ない（Bウイルス感染の報告はなく，赤痢菌，結核菌，サルモネラ菌に対する感受性も低い）．今では実験動物として使用する目的で生産された遺伝学的・微生物学的にコントロールされた動物が市販されている．

さらに，同腹の仔は胎生初期に胎盤を共有し血流を交換することにより骨髄キメラとなるユニークな生物学的特徴や，野生では繁殖ペアとその仔

からなるファミリー単位で生活し，父親や兄姉が仔育てに協力するという社会構造上の特徴をもつ．

## 2 実験動物化の歴史

　愛くるしい外貌からか，1930年代から展示動物またはペットとしてマーモセットの人工条件での飼育・繁殖方法の報告がある．しかし，実験動物化が本格化するのは'60年半ばから'70年代にかけてである．この時期に，米国，ヨーロッパを中心に複数の実験動物用マーモセットの繁殖コロニーの基礎がつくられた．'75年以降，ワシントン条約によりブラジル政府はマーモセットの輸出を規制していることから，現在実験に使用されている動物の大半はこの時期に確立されたコロニー由来のものと考えられる．その後，動物の生理，繁殖に関する研究が進み，飼育・繁殖方法の整備，基礎データの蓄積がなされ，'90年代には生産供給体制が整い安定して研究に使用されるようになった．筆者の所属する実験動物中央研究所（実中研）では，'70年代はじめから実験動物としてのマーモセットを導入し，飼育繁殖を開始した．当初は栄養不良や細菌感染で動物が死亡することもあったが，環境や餌の改良，繁殖優良個体や性格の従順な個体の選抜を続けコロニーを確立し，'80年代には特性検索や実験利用についての研究が行われた．そして'90年代には生産コロニーを日本クレア社に移管し，現在にいたっている．

## 3 実験動物としての利用

### 1) 感染症研究

　マーモセットは種々のヒト病原体に感受性があることから，1970年代までは感染症研究の利用が主であり，現在でも広く用いられている．さまざまなヘルペスウイルスに感受性があり，特にEBウイルス感染モデルは，潜伏感染やウイルスによる腫瘍形成のメカニズム解明のための有用なモデルとして利用されてきた．また，単純ヘルペスウイルスなどの感染によって神経を含む全身性に急性症状を引き起こすことが知られている．その他，A型

**13 コモンマーモセット**

肝炎，C型肝炎，麻疹，さらにはフィロウイルスなどヒトへの病原性の強いウイルス感染症研究に用いられている．

### 2）神経疾患研究

脳科学研究は，マーモセットの利用が最も多い分野である．霊長類としての解剖学的，機能的なヒトとの類似性から，齧歯類での評価に限界がある脳神経疾患のモデルとして広く利用されている．ドーパミン神経毒であるMPTP投与によるパーキンソン病モデルは1980年代から研究されており，現在でも新規治療薬の薬効評価に用いられている．'90年代に入って脊髄損傷モデル，脳梗塞モデル，多発性硬化症モデル（ミエリン構成タンパク質投与による実験的自己免疫性脳脊髄炎症）などのさまざまな神経疾患モデルとして利用されている．最近ではウイルスベクター投与による変異型 $\alpha$-synuclein（家族性パーキンソン病の原因遺伝子の1つ）の過剰発現によるパーキンソン病モデルなど遺伝子操作技術を用いた複数のヒト神経疾患モデル作出も試みられている．また，解析に有用な脳地図やMRI脳アトラスがこれらの疾患研究とともに整備されてきた．さらに視覚などの感覚器の研究や治療法の開発にも使われようとしている．

### 3）創薬研究

1970年代に齧歯類やウサギではみられなかったサリドマイド剤による奇形が生じることが注目され，催奇形性の研究に使用されてきた．近年では，シトクロムP450（CYP）でのヒトとの相同性が高い（CYP3Aのアミノ酸配列ではラット73％，イヌ79％に対してマーモセット90％）など薬物代謝においてヒトとの類似性が示され，ヨーロッパを中心に新薬開発や安全性研究での利用が増加している．小型のため十分な検査材料の入手が困難であるという弱点も検査技術の進歩により克服されよう．

### 4）再生医療研究

1996年にThomsonらはマーモセットES細胞を樹立した．2005年には佐々木らが未分化状態の維持が可能で三胚葉へ分化可能な3株のES細胞を樹立した．これらの細胞は，*in vitro* での神経系細胞，血球系細胞，心筋細胞への分化誘導が可能であることが示されている．再生医療の有効性や

安全性を評価するための前臨床試験系として，マーモセットES細胞を用いた脊髄損傷や心筋梗塞モデルでの細胞移植治療実験が行われようとしている．最近ではiPS細胞も樹立されている．今後，再生医療分野でのマーモセットの利用はますます増加するであろう．

## 期待から実現へ―研究解析用ツールの開発とモデル動物確立へ

　2008年にはマーモセットの全ゲノム配列解読がほぼ終了し，BACライブラリー，完全長cDNAライブラリー，脳cDNAマイクロアレイチップ，マーモセット特異的CD抗体などが多くの研究者の努力により整備され，マーモセットのモデル動物としての弱点であった研究解析用ツールの貧弱さは克服されつつある．霊長類を用いた遺伝子改変動物は，2001年よりアカゲザルを用いての報告がいくつかあるが，現在のところ，導入遺伝子が生きた動物の体細胞で発現し次世代の個体への伝達・発現が報告されたのはマーモセットのみである．サイズの大きい遺伝子の導入，ノックイン／アウト動物作製，作製された動物の系統化，特にイメージング技術を用いた病態評価方法の開発など技術的な課題は多く残されているが，遺伝子改変霊長類という新たな実験医学の扉を開いたマーモセットは今後も難治性疾患の治療法開発など，幅広く医療に貢献するであろう．

**参考文献**
- Sasaki, E. et al.：Nature, 459：523-527, 2009
- Sasaki, E. et al.：Stem Cells, 23：1304-1313, 2005
- Mansfield, K.：Comp. Med., 53：383-392, 2003
- 『マーモセットの飼育繁殖・実験手技・解剖組織』(谷岡功邦／編)，アドスリー，1996
- 『コモンマーモセットの特性と実験利用』(野村達次／監，谷岡功邦／編)，ソフトサイエンス社，1989

**13** コモンマーモセット

## 著者プロフィール

### 伊藤豊志雄（Toshio Itoh）

　1971年，北海道大学獣医学部を卒業．ただちに財団法人実験動物中央研究所に入所，現在にいたっている．その間，マウスやラットのセンダイウイルス，マウス肝炎ウイルスやTyzzer菌など数多くの感染症研究に従事し，'90年に北海道大学獣医学部より獣医学博士を授与された．その後，野村達次所長の指導のもと，ICLASモニタリングセンター・センター長代理として，実験動物の品質管理の一環としての感染症検査サービスを通し，実験動物の品質向上と品質維持にいくばくかの貢献をしたと自負している．最近では，感染症から離れ，小型で繁殖効率の高い霊長類であるコモンマーモセットの研究部長として，ヒト疾患モデルコモンマーモセット作出やモデル動物を用いた治療法開発に取り組んでいる．

# Column

## マーモセットの仲間たち

　多様な新世界ザルのなかで，マーモセットは最近の分類ではオマキザル科 *Cebidae* に含まれる．オマキザル科には，マーモセットが属するマーモセット亜科 *Callitrichinae* のほか，マーモセットに次いでバイオメディカル領域で使用されるコモンリスザルなどのリスザル亜科 *Saimiriinae* と，道具を巧みに使うことで知られるフサオマキザルなどのオマキザル亜科 *Cebinae* が含まれる（**図2**参照）．

　マーモセット亜科には，C型肝炎モデルや潰瘍性大腸炎のモデルとして使用される白い頭の毛が特徴的なワタボウシタマリン，黄金色の美しいライオンタマリン，世界最小の真猿類ピグミーマーモセットなど計4属41種が2014年現在認められている．マーモセット属 *Callithrix* には21種が認められているが，アマゾン川流域の熱帯雨林に生息する種とブラジル東部の大西洋岸地域に生息する種がある．コモンマーモセットは後者である．

　マーモセット亜科のなかには近年の開発や乱獲により生息数が減少し絶滅が危惧されている種も少なくないが，コモンマーモセットは二次林や林縁部など人間の生活環境に近い地域にも分布しており，人為的な導入や逃亡によりブラジル南東部地域やリオデジャネイロ，ブエノスアイレスといった都市周辺の林にも生息域を広げているとのことである．マーモセットが実験動物として普及するようになった背景にはこのような高い環境適応力や人間をあまり恐れない生来の性質が関係しているのかもしれない．

# 索引

## 数字

2重鎖RNA ... 36
2010年Project ... 69

## 欧文

ABCモデル ... 66
*Acytostelium* 属 ... 112
*Arabidopsis thaliana* ... 64
*Bacillus subtilis* ... 94
*Bombyx mori* ... 102
C. エレガンス ... 33
*Caenorhabditis elegans* ... 33
*Callithrix jacchus* ... 131
cDNAリソース ... 58
Chalfie ... 37
*Ciona intestinalis* ... 55
CRISPR/Cas9法 ... 90
*Dictyostelium discoideum* ... 110
*Dictyostelium* 属 ... 112
*Drosophila melanogaster* ... 43
*Escherichia coli* ... 94
EST解析 ... 115
EURATRANS ... 90
FlyBase ... 46
genealogy ... 17
GFP ... 37
H-2コンジェニック系統 ... 12
heterochronic変異体 ... 36
*Ipomoea nil* ... 121
JF1 ... 19
Long-Evansラット ... 86
MADS-box遺伝子 ... 124
Minosトランスポゾン ... 58
Morgan ... 44
*Mus musculus* ... 20
NBRP-Rat ... 88
*Neurospora crassa* ... 95
*O. sakaizumii* ... 26
*Oryzias latipes* ... 23
Perutz ... 41
*Pharbitis nil* ... 121
*Polysphondylium* 属 ... 112
PomBase ... 79
POUドメイン ... 36
*Rattus norvegicus* ... 84
*Rattus rattus* ... 20
*Saccharomyces cerevisiae* ... 74
*Schizosaccharomyces pombe* ... 74
SGD ... 79
Sprague-Dawleyラット ... 86
T-DNAタグライン ... 67
TALEN法 ... 90
Tpn1ファミリー ... 126
Uncoordinated ... 34
Vulva ... 34
Wistarラット ... 86
WormBase ... 39
ZFN法 ... 90

## 和文

### あ行

會田龍雄 ... 24
アカパンカビ ... 95
アクラシン ... 114
アサガオ ... 121
アブラナ科 ... 64
アミノ酸側鎖の電荷相互作用 ... 40
アントシアニン ... 124
一倍体 ... 116
遺伝子工学技術 ... 48
遺伝子重複 ... 56
遺伝子破壊 ... 114
遺伝子破壊系統 ... 69

| | | |
|---|---|---|
| 遺伝的解析 …… 27 | クマネズミ …… 20, 85 | 自然発症ミュータントラット …… 84 |
| 岩松鷹司 …… 26 | クワコ …… 103 | 疾患モデル …… 107 |
| インスリン受容体 …… 38 | 計画的細胞死 …… 35 | 疾患モデルラット …… 84 |
| インターラクトーム …… 39 | 形態形成 …… 27 | 疾病遺伝子 …… 48 |
| 宇和 紘 …… 26 | 系統 …… 46, 105 | 子嚢 …… 76 |
| 栄養要求性突然変異体 …… 97 | 欠失 …… 46 | 四分子解析法 …… 75 |
| 江上信雄 …… 26 | ゲノム解析 …… 50 | 社会性アメーバ …… 111 |
| エピスタシス …… 78 | ゲノム計画 …… 79 | ジャクソン研究所 …… 12 |
| オタマジャクシ型幼生 …… 56 | ゲノム情報 …… 29, 106 | 重イオンビーム …… 126 |
| オマキザル科 …… 138 | ゲノム配列 …… 50 | 雌雄モザイク …… 47 |
| 温帯性 …… 28 | ゲノムリソース …… 29, 69 | 出芽酵母 …… 74 |
| | 限性遺伝 …… 24 | 腫瘍 …… 11 |
| **か行** | 交配実験技術 …… 48 | 初期発生 …… 27 |
| カイコ …… 102 | 酵母 …… 74 | ショットガン方式 …… 36 |
| 過剰発現 …… 115 | 枯草菌 …… 94 | シロイヌナズナ …… 64 |
| カスタネウス …… 14 | コモンマーモセット …… 131 | 白繭 …… 106 |
| カタユウレイボヤ …… 55 | | 神経疾患 …… 135 |
| がん …… 14 | **さ行** | 新世界ザル …… 132 |
| 感染症 …… 134 | 再生医療 …… 135 | 真正粘菌 …… 111 |
| 完全長 cDNA …… 69 | 細胞運命 …… 114 | 性の生物学的意義 …… 79 |
| キイロショウジョウバエ …… 43 | 細胞系譜 …… 56 | 生物機能 …… 106 |
| キイロタマホコリカビ …… 112 | 細胞周期 …… 78 | 接合型 …… 75 |
| キタノメダカ …… 26 | 細胞性粘菌 …… 111 | 全細胞系譜 …… 33 |
| 偽変形体 …… 111 | 細胞分化 …… 56 | 染色体異常 …… 46 |
| 逆遺伝学的解析手法 …… 69 | 採卵 …… 27 | 染色体マッピング …… 61 |
| 旧世界ザル …… 132 | サツマイモ属 …… 121, 122 | 全神経回路網 …… 33 |
| 近縁種 …… 23 | シグナル分子 …… 61 | 全神経細胞の回路網 …… 37 |
| 近交系 …… 26, 59 | 子実体 …… 111 | |

# 索引

線虫 ································· 33
走化性運動 ······················ 114
双翅目 ······························ 43
創薬 ·································· 135
祖先種 ······························ 102

### た行

耐性幼虫 ···························· 38
大腸菌 ································ 94
短日性植物 ······················ 124
致死遺伝子 ························ 35
長日性植物 ······················ 124
地理的品種 ······················ 103
珍玩鼠育草 ··········· 13, 19, 92
転写因子 ···························· 58
転写ネットワーク ············ 61
同系交配 ···························· 44
動物性セルロース ············ 55
突然変異 ···························· 44
突然変異体系統 ·············· 104
ドブネズミ ························ 85
富田英雄 ···························· 26
ドメスティカス ················ 14
ドラフトゲノム ················ 59
トランスジェニック技術 106
トランスジェニック系統 58
トランスポゾン ······· 48, 122
トランスポゾンタグライン
 ········································· 67

### な・は行

ナショナルバイオリソース
 プロジェクト ·········· 79, 88
二員培養 ·························· 113
ノックアウトラット ········ 84
パーキンソン病 ·············· 135
バイオフィルム ················ 95
畑井新喜司 ························ 86
ハツカネズミ ············ 11, 20
ハプロイド ······················ 116
パラミオシン ···················· 35
パラログ ·························· 126
バランサー ························ 46
パン酵母 ···························· 77
ビール酵母 ························ 77
尾索動物 ···························· 55
広田幸敬 ···························· 41
品種 ·································· 105
ファージ ···························· 97
プラスミド ························ 97
プロテオミクス ················ 50
不和合性 ···························· 48
分子系統解析 ·················· 112
分裂酵母 ······················ 74, 76
ヘテロタリズム株 ············ 75
胞子 ···································· 76
ポストゲノム ···················· 79
哺乳類 ································ 11
ホモタリズム株 ················ 75

### ま行

マーモセット ·················· 131
マイクロアレイ ················ 39
マウス ································ 11
ミオシン重鎖 ···················· 35
ミナミメダカ ···················· 23
ムスクルス ························ 14
メダカ ································ 23
メンデルの法則 ···· 24, 121, 123
モロシヌス ························ 16

### や・ら・わ行

薬剤耐性遺伝子 ················ 97
野生系統 ···························· 26
山本時雄 ···························· 25
養蚕業 ······························ 103
養鼠玉のかけはし ············ 92
ラット ································ 84
霊長類 ······························ 131
連鎖地図 ···················· 46, 104
和漢三才図会 ···················· 92
ワシントン条約 ·············· 134

141

## 監修者プロフィール

**森脇和郎**（Kazuo Moriwaki）

　1954年，東京大学理学部動物学科を卒業．大学院のテーマは発生胚のATP代謝．'59年，国立遺伝学研究所に就職し，哺乳動物遺伝学の研究をはじめた．'64〜'66年まで，ミシガン大学哺乳類遺伝学センターに留学．帰国後海外学術調査費によってアジア各地から野生ネズミ類を収集し，系統開発およびMHCを中心に独自の遺伝子の探索をはじめた．他方がん研究費を得てマウスミエローマのクローン変遷も研究．1970年代にはMSMをはじめ野生マウス亜種系統の育成，遺伝学的亜種分化の解明，発がん抑制遺伝子など独自のモデルの開発などを進めた．'94年定年退官．総合研究大学院大学副学長を経て2001年，理化学研究所筑波研究所バイオリソースセンター長，'03年，所長，'05年から同研究所バイオリソースセンター特別顧問．若いときは機構論に偏っていたが，歳とともに「生き物丸ごと論」に足場を移した．〔2013年11月23日永眠（83歳）〕

---

# 小さくて頼もしいモデル生物
## 歴史を知って活かしきる

| | | |
|---|---|---|
| 2014年4月15日　第1刷発行 | 監　修 | 森脇和郎 |
| | 発行人 | 一戸裕子 |
| | 発行所 | 株式会社　羊　土　社 |
| | | 〒101-0052 |
| | | 東京都千代田区神田小川町2-5-1 |
| | | TEL　　03（5282）1211 |
| | | FAX　　03（5282）1212 |
| | | E-mail　eigyo@yodosha.co.jp |
| | | URL　　http://www.yodosha.co.jp/ |
| © YODOSHA CO., LTD. 2014 | カバー・表紙・大扉デザイン　辻中浩一（ウフ） | |
| Printed in Japan | | |
| ISBN978-4-7581-2047-0 | 印刷所 | 株式会社加藤文明社 |

本書に掲載する著作物の複製権，上映権，譲渡権，公衆送信権（送信可能化権を含む）は（株）羊土社が保有します．
本書を無断で複製する行為（コピー，スキャン，デジタルデータ化など）は，著作権法上での限られた例外（「私的使用のための複製」など）を除き禁じられています．研究活動，診療を含み業務上使用する目的で上記の行為を行うことは大学，病院，企業などにおける内部的な利用であっても，私的使用には該当せず，違法です．また私的使用のためであっても，代行業者等の第三者に依頼して上記の行為を行うことは違法となります．

JCOPY　〈（社）出版者著作権管理機構　委託出版物〉
本書の無断複写は著作権法上での例外を除き禁じられています．複写される場合は，そのつど事前に，（社）出版者著作権管理機構（TEL 03-3513-6969，FAX 03-3513-6979，e-mail : info@jcopy.or.jp）の許諾を得てください．

## 羊土社のオススメ書籍

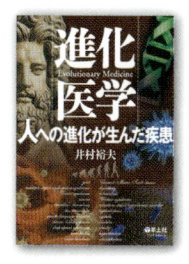

### 進化医学
#### 人への進化が生んだ疾患
井村裕夫／著

がん,肥満,うつ病…人はなぜ病気になるのか? 進化に刻まれた分子記憶から病気のメカニズムに迫る! 診断,治療法の確立にも欠かせない,病気の新しい考え方がよくわかる

☐ 定価(本体 4,200円+税)　☐ B5判　☐ 239頁　☐ ISBN 978-4-7581-2038-8

### もっとよくわかる!
### 幹細胞と再生医療
長船健二／著

臨床医時代の「壊れると元に戻らない腎臓を再生させて患者さんを助けてあげたい」という想いを胸に,iPS研にラボをもつ現役研究者の書き下ろし.基本から再生医療までまるわかり

☐ 定価(本体 3,800円+税)　☐ B5判　☐ 174頁　☐ ISBN 978-4-7581-2203-0

### 最強のステップUPシリーズ
### 今すぐ始めるゲノム編集
#### TALEN&CRISPR/Cas9の必須知識と実験プロトコール
山本 卓／編

簡便な遺伝子改変の新技術「ゲノム編集」待望の実験書がついに誕生! TALEN, CRISPR/Cas9の基本知識から実験成功のプロトコールまでを徹底ガイドします!

☐ 定価(本体 4,900円+税)　☐ B5判　☐ 207頁　☐ ISBN 978-4-7581-0190-5

### 完全版
### マウス・ラット疾患モデル
#### 活用ハンドブック　表現型,遺伝子情報,使用条件など
秋山 徹,奥山隆平,河府和義／編

医薬生物学研究で必須のマウス・ラットを,研究分野ごとに厳選して収録,遺伝子情報・使用条件などの実践データをコンパクトに解説.豊富な図表で表現型がしっかりわかる!

☐ 定価(本体 8,500円+税)　☐ B6判　☐ 605頁　☐ ISBN 978-4-7581-2017-3

---

発行　羊土社 YODOSHA
〒101-0052 東京都千代田区神田小川町2-5-1　TEL 03(5282)1211　FAX 03(5282)1212
E-mail : eigyo@yodosha.co.jp
URL : http://www.yodosha.co.jp/

ご注文は最寄りの書店,または小社営業部まで

バイオサイエンスと医学の最先端総合誌

# 実験医学

1983年創刊以来，多くの研究者に愛読いただいている
バイオサイエンスと医学の最先端総合誌です

**月刊** 毎月1日発行 B5判
定価（本体 2,000円+税）

- 生命科学・医学・薬学分野の第一線の研究者が執筆
- 毎号，いま一番ホットな研究テーマを総力「特集」
- 研究に役立つコラムやインタビューなどの人気連載

**増刊号** 年8冊発行 B5判
定価（本体 5,400円+税）

- 各研究分野を完全網羅した最新レビュー集
- 全体像を掴む「概論」と最新の研究成果を満載した「各論」で構成された決定版

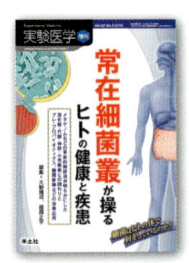

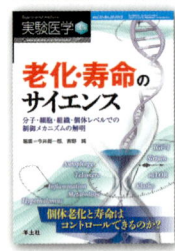

## 年間購読は随時受付！

■ 月刊のみ 通常号12冊
定価（本体 24,000円+税）

■ 月刊+増刊 通常号12冊+増刊号8冊
定価（本体 67,200円+税）

詳しくはコチラ▼
www.yodosha.co.jp/jikkenigaku/
Web限定記事や動画コンテンツも続々配信！

※2年間のご購読もお申し込みいただけます
※国内送料サービス．海外は送料実費となります

発行 **羊土社 YODOSHA**
〒101-0052 東京都千代田区神田小川町2-5-1 TEL 03(5282)1211 FAX 03(5282)1212
E-mail：eigyo@yodosha.co.jp
URL：http://www.yodosha.co.jp/

ご注文は最寄りの書店，または小社営業部まで